스토리가 있는 와인

스토리가 있는 와인

It Tells a Wine Story

와인을 우아하게 마시려면

최재완 지음

좋은땅

머리말

와인을 알게 되면 왜 점점 그것에 빠져드는지 의문이었다. 색다른 술이라 그런지, 아니면 과실주의 특유한 향과 맛 때문인지 알 수 없었다. 그런 호기심과 와인의 오묘한 매력은 지금도 여전히 내 주변을 맴돌고 있다.

그날의 기억이 생생하다. 우연히 마주한 정통 프랑스 와인을 마셨던 날의 얘기다. 1970년 늦가을 10월 말쯤이었을 것이다. 그때는 수입 와인을 구하기 힘들었고, 시중에는 인공 향을 첨가한 국산 유사 와인이 유통되던 시절이었다. 모처럼 찾았던 레스토랑에서 매니저가 내게 조용히 말을 건넸다. 프랑스 와인이 들어왔으니 드시라는 얘기였다.

아직 와인을 잘 모를 때라 호기심과 함께 불현듯 정통 와인을 마시고 싶다는 생각이 들었다. 그 와인은 까베르네 쏘비뇽 품종의 중간 수준급 보르도 와인이었다. 와인에 익숙지 않아서 그런지 약간은 텁텁했지만 여운이 꽤 길게 남은 와인이었다.

그로부터 반세기가 지났다. 그 사이에 와인 중독 현상도 겪었고, 와인과 날을 지샌 적도 있었다. 그 세월 동안 와인은 내 생활의 일부가 되었다. 와인의 깊은 맛을 알게 되자 와인을 더 알아야 하겠다는 생각이 들었다. 와인 공부를 더 하지 않을 수 없었다.

1990년대 이후 와인 붐이 일었다. 와인이 건강에도 좋고 격조 있는 술이라는 얘기가 꽤나 널리 회자됐다. 이 시기에 와인은 중상류층 사람들에게 인기가 있었다. 특히 중년 여성들이 낮이고 밤이고 레스토랑과 와인바에서 와인 마시기에 열중한 때였다. 중장년 남자들도 이에 못지않았다.

근데 가끔은 보지 않았으면 좋았을 장면들이 여기저기서 목격됐다. 와인 만남에서 혼자서만 와인 얘기를 밑도 끝도 없이 늘어놓는가 하면, 초보인데도 마치 자기가 와인 박사인 것처럼 행세하고, 왁자지껄 떠들면서 와인을 잔째로 한 큐에 들이키는 몰매너 광경 등은 심하게 말하자면 목불인견의 장면들이었다.

와인에 관한 기본적인 에티켓과 매너 등이 아직 정착되지 않은 데서 비롯된 부작용이었다. 건전한 와인 문화가 하루빨리 보편화해서 정착돼야 한다고 생각했다. 와인은 기본적으로 와인 상식과 에티켓이 요구되는 술이다. 그래서 조금은 까다롭다. 와인 애호가라면 와인을 어떻게 마셔야 하는지, 그리고 와인 만남에서 지켜야 할 에티켓과 매너가 무엇인지 알고 있는 게 기본이다.

필자는 오래전부터 와인 단행본을 출간해 와인에 관한 여러 얘기들을 서로 공감하고 교감하고자 했다. 20여 년이 지난 이제야 이를 실행한 게으름을 고백하지 않을 수 없다.

이 책은 와인에 관한 전반적인 콘텐츠를 쉽게 이해하고 서술하는 데 초점을 맞추었다. 그리고 와인 입문자에서부터 매니아에 이르기까지 모두에게 유용한 내용이 되도록 노력했다. 책 내용은 크게 세 부문으로 나뉜다. 첫째 부문은 '와인에 대한 새로운 시각'과 대중문화와의 인과 관계를 분석했고, 둘째는 와인에 관한 전반적인 상식과 에티켓 등을 상세하게 서술했으며, 셋째는 와인 서빙과 음식궁합 등을 예시·설명하는 내용으로 구성됐다.

첫째 부문에서는 무엇보다 세계의 와인 시장이 까베르네 쏘비뇽과 샤르도네 위주의 품종 독과점화가 진행되고 있음을 문제점으로 지적했다. 또한 미국을 중심으로 하는 시장의 미국화 현상도 독과점으로 가는 지름길임을 강조했다. 이를 개선하기 위해 각국의 고유 품종 육성 등을 통한 품종과 시장 다양화를 대안으로 제시했다. 그리고 대중사회의 발전과 더불어 와인이 대중과 친숙하게 된 사회문화적 인과 관계를 분석하고 평가했다.

둘째 부문의 경우, 유명 와인을 비롯한 와인에 관한 전반적인 정보와 상식, 그리고 와인 에티켓과 매너 등을 구체적으로 살펴보고 분석했다. 품종 선택, 와인 라벨 읽기, 와인 맛의 3요소 등 와인 입문에서 반드시 알아야 하는 필수 사항을 구체적으로 서술했다. 셋째 부문은 와인 만남에서 필수과정인 호스트와 게스트가 수행해야 할 진행과정과 서빙 행위, 그리고 이에 수반되는 제반 요구사항들을 점검하고 상세 설명했다. 이와 함께 동서양 음식과 와인과의 조화로운 조합에 대해서도 살펴보았다. 와인과 맞는 음식 궁합을 사례별로 예시했다.

와인에 관한 내용은 와인 종류만큼이나 다양하고 복잡하다. 그 많은 내용을 책 한 권에 수록하기에는 역부족이다. 그러나 와인에 관해 꼭 알아야 할 내용은 충실히 다루고자 최대한 노력했다. 이 책이 와인의 참 맛을 음미하고 우아한 와인 만남에 도움이 되는 계기가 되었으면 하는 게 저자의 바람이자 소망이기도 하다.

책 출판에 큰 도움을 주신 장진국 님과 류진창 님께 깊은 감사를 드린다. 그리고 출판을 해 주신 도서출판 좋은땅 관계자분들께도 심심한 고마움을 전한다. 말없이 격려해 준 가족과 주변 친지분들에게도 끝없는 고마움을 깊이 느낀다.

2023. 2.　　敬甫 최재완

목 차

5장

명품 와인 Old & New

6장

호스트와 게스트

7장

와인을 우아하게 마시려면

1장

와인에 대한 새로운 시각

1. 품종의 독과점화

와인을 웬만큼 아는 분들이라면 가끔 이런 질문을 던지곤 한다. 고급 와인은 왜 거의 모두 프랑스 품종 와인인지, 그리고 다른 나라의 고유 품종은 프랑스 품종에 밀려 점차 사라지는 것인가 하는 질문이다.

오늘의 와인 시장에서 프랑스 품종 이외의 와인은 특별한 경우가 아닌 한 뚜렷한 주목을 받지 못하고 있다. 그래서 어느 나라 할 것 없이 프랑스 품종을 현지에서 재배해 프랑스식 와인을 양조하거나, 아니면 각국의 고유 품종과 프랑스 품종을 혼합한 블렌딩 와인을 생산하고 있다. 왜냐하면 프랑스 품종이 들어 있어야 시장성도 있고 좋은 가격을 받을 수 있기 때문이다. 그래서 거의 모든 와이너리가 프랑스식 와인을 만드는 데 열중하고 있다.

소비자 측면에서도 프랑스 품종 와인이 시장을 독과점 지배하고 있다. 지난 수백 년 동안 프랑스 와인이 시장을 주도해 왔으므로, 이런 현상은 어쩌면 당연한 건지도 모른다. 프랑스 품종의 품질이 안정되고 비교 우위를 가진 것은 부인할 수 없는 사실이다. 이런 여러 요인이 프랑스 품종의 독과점을 유지케 해 주는 주요 요소로 작용하고 있다.

그러나 예컨대 이탈리아 고유 품종 산지오베세(Sangiovese)와 네비올로(Nebbiolo), 스페인의 템프라니요(Tempranillo), 조지아의 사페라비(Saperavi) 등은 프랑스 품종과 비교해 조금도 손색이 없는 최우량 품종들이다. 이들 이외에도 개발이나 보편화가 덜된 것일 뿐, 경쟁력을 갖춘 우량 품종들이 세계 각처에 산재해 있다. 그런데도 이들 품종이나 와인은 여전히 상대적으로 평가절하돼 있다.

사페라비(Saperavi)

세계의 와인 생산자들은 현재 하나의 큰 난관에 직면해 있다. 프랑스 품종 위주의 기존 생산 방식을 계속 고집할 것인지 아닌지를 심각하게 고려해야 하는 상황에 놓인 것이다.

소비자 역시 프랑스 품종 위주로 소비할 것인지, 아니면 개성 있는 국적(國籍) 와인을 선호할 것인지에 대해 방향을 정립할 것을 요구받고 있다.

와인 문화는 1990년대를 전후해 전 세계적으로 보편화하고 정착했다. 우리나라도 1990년대 이후 와인 붐이 불어 특히 여성들의 와인 선호가 대단했던 적이 있다. 와인 문화의 정착에는 다음의 세 가지 요인이 결정적으로 작용했다.

첫째, 세계의 와인 생산자들이 프랑스 품종을 선호하고 프랑스식 맛을 내는 와인을 생산하려는 이른바 생산의 프랑스화 경향이 뚜렷했다는 점이다. 둘째, 와인 소비자들이 급증하고 그들의 질적 수준이 이전에 비해 크게 향상되었다는 점이다. 그 결과로 와인 수요가 급증하고 와인의 보편화(대중화)가 이루어졌다. 셋째, 와인 생산과 유통구조에 자본이 대거 유입됐다는 점이다. 이로써 규모에 의한 와인 생산과 소비가 활짝 열렸다.

와인 문화의 보편화는 1970년대부터 형성되기 시작했다. 1980년대의 조정 과정을 거쳐 1990년대에 그 절정기를 맞았다. 1990년대 이후 와인 문화에 나타난 가장 특이한 현상은 생산자와 소비자 모두가 프랑스 품종 와인에 사실상 종속돼 버렸다는 사실이다. 프랑스 품종의 독과점화가 전 세계 와인 문화를 지배하고 있다는 의미다. 이런 독과점화 경향은 21세기 들어 20여 년을 훌쩍 지난 지금도 여전히 강화되고 있다.

그렇다면 프랑스 품종의 독과점화 현상이 과연 글로벌 와인 문화 정착에 바람직한 방향으로 가고 있느냐 하는 것이 문제다. 프랑스 품종의 독과점화가 가능했던 것은 그것들이 우량 품종인데다 수백 년 이상 와인 시장을 주도했기 때문이다. 품질이 안정되고 향미가 우수하다 보니 생산자와 소비자 양자가 프랑스 품종 와인을 선호했다.

그렇다 하더라도 와인의 프랑스화, 즉 독과점화는 생산자와 소비자 모두에게 바람직한 미래가 아니다. 그것은 와인의 다양성을 저해하고 장기적으로는 와인 산업 발전에 장애가 된다. 독과점화가 지속되면 모든 와인 맛이 프랑스 맛으로 단순화하고 획일화하는 문화적 퇴행이 초래될 수 있다. 문화의 발전 방향은 획일화가 아니라 다양성을 향해 나아가는 것이 올바른 방향이다. 따라서 와인 문화도 프랑스식 독과점화가 아니라 글로벌한 다양성을 추구하는 방향으로 나아가는 것이 올바른 선택이다.

가장 바람직한 미래는 각 와인 생산국이 국적 있는 아이덴티티(identity, 개성) 와인을 생산하는 일이다. 프랑스 와인은 프랑스 품종의 아이덴티티를, 이탈리아 와인은 이탈리아의 품종의 아이덴티티를, 스페인 와인은 스페인 품종 와인의 아이덴티티를 추구하는 것이 최선의 선택일 수 있다. 만약 세계의 거의 모든 와인이 프랑스 품종의 맛으로 획일화된다면, 다양성을 추구해야 하는 와인 문화는 거의 틀림없이 퇴보할 것이다.

와인의 다양성에 요구되는 선결 과제는 첫째, 소비자의 입맛을 다양화하는 일이다. 대부분의 와인 소비자는 이미 프랑스 품종의 와인 맛에 익숙해 있다. 보다 넓고 깊은 와인 세계를 경험하기 위해서는 각 나라의 개성 있는 와인과 최대한 많이 만나는 것이 바람직하다. 와인 소비패턴을 프랑스 품종 중심에서 세계의 우량 품종 쪽으로 그 방향을 다양화하는 것이 꼭 필요하다.

이렇게 되면 프랑스 품종 중심의 와인 소비패턴이 적지 않게 변화할 것이다. 소비패턴의 변화가 프랑스 품종을 거부하는 것과는 별개의 문제다. 당장은 프랑스 품종 와인이 시장 점유율 면에서 어느 정도 변화가 있을지는 몰라도, 그래도 여전히 시장을 주도할 것이다. 여기서 강조하고자 하는 것은 프랑스 품종 와인은 더욱 프랑스적인 와인으로, 이탈리아 와인은 더욱 이탈리아적인 와인으로 변화해야 한다는 얘기다. 그래야 각 생산국의 와인이 그들만의 독특한 개성과 맛을 더욱 드러낼 수 있다.

두 번째, 와인 생산자들의 인식이 프랑스 품종 위주에서 글로벌한 품종 확대로 인식을 전환하는 것이 중요하다. 생산자들은 프랑스 품종을 고집하거나 그것들과 블렌딩해야 고급 와인을 만들 수 있다는 기존 인식을 버려야 한다. 프랑스는 이미 천 년 이상 그들의 고유 품종으로 와인을 생산하고 있다. 다른 생산국도 자신들의 고유 품종으로 명품 와인을 만들려는 인식의 변화를 행동으로 나설 때가 됐다.

예컨대 이탈리아의 토스카나에서 생산되는 키안티(Chianti) 와인은 원래 산지오베세 단일 품종으로 만든 와인이다. 그 대표적인 와인이 '브루넬로 디 몬탈치노(Brunello di Montalcino)' 와인이다. 그러나 1980년대에 나타난 '수퍼 토스카나(Super Toscana)' 와인은 고유 품종 산지오베세에 프랑스 품종인 까베르네 쏘비뇽, 시라, 메를로, 까베르네 프랑 등을 블렌딩해 만든 프랑스식 와인이었다. 이탈리아 고유 품종 산지오베세와 프랑스 품종의 결합은 대단한 호평을 받았다. 호평의 근본적인 이유는 소비자들이 특히 1990년대 이후 프랑스 품종 와인에 이미 길들어져 있었기 때문이었다.

수퍼 토스카나의 등장은 또 다른 한편으로 이탈리아 고유 품종의 쇠락을 의미했다. 수퍼 토스카나를 긍정적으로 보자면 몇 개의 서로 다른 품종을 블렌딩해 새로운 와인을 창출했다는 측면이 있다. 하지만 다른 측면으로는 이탈리아 고유 품종의 맛이, 즉 이탈리아의 개성이 사라진 국적 불명의 와인이 돼버렸다는 부정적 시각이 강하게 존재한다.

여기서 우리는 과연 어느 방향이 올바른지를 판단해야 한다. 이탈리아 품종과 프랑스 품종을 블렌딩한 와인이 좋을 수도 있고, 이탈리아 고유 품종으로만 생산한 와인이 좋을 수 있다. 유념해야 할 것은 블렌딩한 와인이 새로운 맛을 낸다 하더라도, 역설적으로 이탈리아 고유 품종의 와인이 시장에서 사라질 수 있음을 상기할 필요가 있다. 이는 중장기적 관점에서 새 와인을 만들어 낸 성과보다 고유 품종의 쇠락이라는 더 큰 재앙을 불러올 수 있음을 말해 주고 있다.

문제는 생산자와 소비자 양측이 워낙 프랑스 품종 와인에 길들어져 있어 프랑스 품종의 지배를 당연하게 받아들이고 있는 오늘의 현실이다. 심지어 와인 평론 전문가나 간행물들도 평가 기준을 프랑스 품종의 맛을 기준으로 삼고 있다.[1] 이런 상황에서는 각국의 고유 품종이 객관적이고 가치중립적인 평가를 받기는 어렵다. 그래서 프랑스 품종 위주의 기존 와인 평가 기준을 일대 전환하는 것이 중요하다. 바로 지금부터라도 생산자와 소비자 모두가 프랑스 품종(French grapes varieties) 중심에서 글로벌한 품종 다양화 쪽으로 시각을 더 크게 넓혀야 할 때다.

---

1) 미국의 와인 평론가 Robert McDowell Parker Jr.는 100점 척도를 기준으로 하는 빈티지 와인 등급을 그의 뉴스레터 The Wine Advocate를 통해 발표하고 있다. 그의 와인 품평은 세계의 와인 소비자들에게 길잡이 역할을 할 만큼 영향력이 크다. 특히 보르도 와인에 대한 영향력이 대단하다.
또 미국 라이프 스타일 잡지인 〈Wine Spectator〉는 와인에 대한 평가를 전문으로 하는 정기 간행물이다. 이 잡지의 와인 평가는 로버트 파커의 와인 등급 기준과 함께 와인 평가의 양대 기준으로 기능하고 있다.

2. 떼루아르와 소비자 인식 전환

1) 떼루아르(Terroir)

와인의 출발점은 땅이다. 땅과 기후, 그리고 인간 노력의 결실인 와인은 결국 땅 기운과 토질에 결정적으로 영향받는다. 즉 땅이 와인의 모든 것을 표현한다. 지금 우리가 마시는 와인은 고대 그리스·로마 시대, 그리고 클라레(Claret)가 유행하던 중근세 영국, 프랑스의 절대왕정 시대, 근현대의 와인 보편화 시대 등 시대를 관통해 변함없이 마시던 와인과 같은 와인이다. 옛날이나 지금이나 와인은 본질적으로 시대를 초월해 동일하다는 의미다. 이런 동질성의 가장 큰 동인은 떼루아르가 그때나 지금이나 변함없다는 데 있다.

이처럼 와인과 관련해 시대를 초월해서 변함없이 흐르는 가장 중요한 요소는 떼루아르(terroir)다. 떼루아르는 와인의 품질과 특성을 결정짓는 주요 요인이다. 떼루아르에는 토양, 기후, 포도 품종, 토양 성격, 지형, 하층토, 그리고 사람까지 포함하는 이른바 자연과 인간을 모두 대상으로 삼는 총괄적인 환경적 요소를 일컫는다. 사람이 떼루아르에 포함되는 것은 양질의 와인을 생산하기 위해 기울이는 인간의 노력과 그 과정, 그리고 상업적 요소가 중요하기 때문이다. 떼루아르는 그래서 天·地·人의 삼위일체가 하나로 합쳐서 양질의 와인을 양조하는 기초가 된다.

와인마다 각기 개성이 있다. 맛과 향도 다르다. 와인 애호가가 되려면 와인의 이러한 다양한 요소들을 자기 것으로 소화해야 한다. 그런데 이 다양성과 복합성을 완전히 소화하기가 그리 쉽지 않다. 와인의 맛과 개성을 결정하는 요소들이 너무 많기 때문이다. 품종, 떼루아르(terroir), 빈티지, 양조방식 등 주요 결정 요소들이 줄줄이 기다리고 있다. 이들 요소를 충분히 이해해야 비로소 와인에 눈뜨게 된다.

2) 소비자의 인식 전환

와인은 예부터 자연의 순환과 그 결실을 인간에게 맛과 향으로 드러낸 자연의 향연이다. 즉 떼루아르에 의해 맺은 포도가 양조와 숙성 과정을 거쳐 독특한 향과 맛을 지닌 알코올음료로 재탄생한 자연의 음료다. 와인은 처음부터 끝까지 자연이 수확한 천연의 음료다.

그런데 지난 몇십 년 동안 자연의 결과물인 와인을 수학적 가치로 평가하는 계량적 통계나 수학적 수치로 평가하는 추세가 늘어나고 있다. 대표적인 예가 와인 스펙테이터나 와인 평론가 파커(R. Parker Jr.)가 등급을 매긴 순위 발표 행위가 그것이다. 물론 이들의 정보 제공은 많은 이들에게 유용한 정보를 제공한다. 그렇다 하더라도 와인의 품질과 빈티지에 대해 계량적 평가를 내린다는 것은 와인 고유의 자연적 측면을 소홀히 한다는 비판을 면하기 어렵다.

계량적 평가는 와인의 자연적 측면인 떼루아르보다는 인위적인 인간의 후천적 노력에 가중치를 더 두는 부작용을 낳고 있다. 어쨌든 계량적 평가는 현재 전 세계에서 광범위하게 이뤄지고 있다. 평가 기준이 프랑스 품종 위주여서 각 나라의 개성 있는 와인이 객관적이고 적확(的確)하게 평가받는지도 100% 장담하기 어렵다. 프랑스 품종 이외는 종종 무시되거나 평가절하된다. 이래서는 참다운 와인 문화가 정착하기 힘들다.

프랑스 품종 위주의 와인 문화는 획일화를 향한 왜곡된 방향으로 와인 문화를 끌어가고 있다. 다원화한 와인 문화를 향유하기 위해서는 와인 소비자부터 인식을 전환해야 한다. 프랑스 품종 위주의 와인 문화를 세계의 다양한 품종 중심으로 넓고 깊게 확대하는 인식의 변화가 절실히 필요하다.

2장

와인과 대중문화

1. 와인의 세계화

와인은 천상의 술이었다. 서양 문명의 원류인 메소포타미아의 역사 기록이나 설화에는 와인은 특별한 신분을 가진 사람만이 접할 수 있는 이른바 신탁(神託)의 음료였다. 구약에서 노아는 홍수가 끝난 뒤 맨 처음 심은 것이 포도나무였고, 그 포도로 담근 와인을 첫 수확의 제물로 야훼에 바쳤다. 노아는 와인을 신과 인간이 교감하는 상징적인 신물(信物)로 삼았다.

고대 이집트에서는 왕족과 귀족, 그리고 태양신을 섬기는 사제들만이 와인을 마실 수 있었다. 와인을 약용으로 사용하기도 했다. 이처럼 인류 조상들은 와인을 신이 내린 매우 귀중하고 유용한 음료로 삼았다. 사람들은 와인을 함부로 다루지 않았고, 와인을 마실 때는 항상 경건한 마음으로 대했다.

기원전 2000년 이후 와인은 더 이상 고귀한 신분의 소유물이 아니었다. 수메르족이 세운 고대 바빌로니아에서는 와인은 물물교환의 거래 기준이 되었다. 지금의 시리아·레바논 일대에서 발전한 페니키아는 와인 양조법을 고대 그리스에 전수했다. 오늘날 유럽의 와인 양조는 페니키아가 그리스에 전수해 준 와인 양조법이 발전한 것이다.

로마의 번성은 와인이 산업으로 발전한 또 하나의 계기였다. 로마는 제국으로 성장하면서 그리스에서 전수받은 포도 재배와 와인 양조를 세계화했다. 로마인들은 포도 품종의 분류, 재배 방법, 와인 생산 방법 등 와인에 관한 전 과정에 공헌했다. 로마인들은 포도와 와인 품질을 끊임없이 향상시켜 오늘날의 유명 와인이 출현하는 바탕을 제공했다.

로마의 적극적인 와인 생산 장려로 유럽 각지가 와인 산지로 유명해졌다. 갈리아(지금의 프랑스), 독일, 이베리아 반도(스페인과 포르투갈) 등에 대대적인 포도밭이 조성되었다. 오늘날 프랑스나 독일, 스페인, 이탈리아 등이 와인으로 명성을 얻고 있는 것은 로마의 와인 장려책에 힘입은 덕분이다.

그리스 철학자 플라톤은 "와인은 신이 내린 가장 큰 선물"이라고 말했다. 그만큼 와인은 서양인에게 물 다음으로 중요하고, 인생과 더불어 동행하는 동반자로서 자연이 내린 선물이었다.

플라톤(Platon)

와인은 서양인들에게 생필품 이상의 가치를 지닌 '생명의 양식'이었다. 라무즈(1878-1947)는 그래서 "빵은 신체를 위한 것이고, 와인은 정신을 위한 것"이라고 말했는지도 모른다.

서양 문화를 받쳐주는 두 기저(基底)인 히브리즘과 헬레니즘은 모두 묘하게도 와인과 밀접한 관련을 맺고 있다. 노아 이외에도 모세, 이사야, 예수 등이 와인을 마시고 포도나무를 가꾸었다는 구절이 성경에는 수없이 나온다.

노아가 홍수가 끝난 뒤 정착했다는 아라라트(Ararat)산 일대는 지금의 튀르키예 동부 내륙지방이다. 그런데 포도의 원산지는 이란 북쪽 카스피해와 흑해 사이의 소아시아 지역으로 아라라트와 멀지 않다. 와인과 히브리즘이 서로 무관하지 않음이 이런 지리적 근린성에서도 찾아볼 수 있다.

포도가 유럽에 전래된 것은 메소포타미아의 찬란한 문화가 그리스, 로마로 흘러간 것과 관련이 있다. 헬레니즘 문화는 여기서 탄생했다. 헬레니즘 시대는 와인 전성시대였다. 주신(酒神) 디오니소스는 와인 빚는 법을 사람들에게 가르쳤다. 고대 그리스 사람들은 와인을 음미하면서 시, 음악, 미술, 고담준론, 공연, 축제 등을 벌이면서 인생을 예찬했다.

2. 고대 철인들의 '지성의 샘물'

비극적 시(詩)로 한 시대를 풍미한 고대 그리스 여류 서정 시인 사포(Sappho)는 와인에서 영감을 얻어 아름답고 애절한 시를 수없이 남겼다. 소크라테스, 플라톤, 아리스토텔레스 같은 철학자들에게도 와인은 지혜의 샘물이었다. 와인 없는 인식 세계는 상상의 나래를 펴기 힘들었고, 와인 없는 언어유희(遊戱)는 더 이상 유희가 아니었다. 이처럼 와인은 유럽의 지성(知性)을 일깨워 위대한 유럽 정신을 낳게 한 '지성의 샘물'이었다.

사포

그들에게 와인은 신과의 의사소통뿐 아니라 지식에 대한 새로운 지평을 열어 주는 인식의 대화 채널이기도 했다.

이집트, 페니키아, 그리스, 로마인들은 도수가 강한 와인을 물에 타 즐겨 마시며 그들의 인생을 찬미했다. 이미 몇천 년 전부터 와인은 유럽 역사와 그 발자취를 같이해 왔다. 그래서 유럽 문화는 와인이 익어 가면서 발전한 역사라고들 말한다.

사포(Sappho)

BC 610-580? 사포는 BC 6세기경 고대 그리스 레스보스(Lesbos)섬에서 태어난 여류 서정 시인이다. 사랑, 구애, 이별, 그리고 동성 간 애욕과 욕정 충족 등에 관한 비극적인 시를 많이 남겼다. 사포는 아나크레온, 핀다루스와 함께 고대 그리스 3대 비극 시인 중의 한 사람으로 추앙받고 있다.
사포는 다작 시인으로서 그녀의 작품이 알렉산드리아 시대에는 9권으로 분류되기도 했다. 제1권 서두는 아프로디테(비너스)에게 바치는 아프로디테 송(誦)이고, 마지막 권은 혼례의 축가를 포함하고 있다. 9백 편이 넘는 작품 가운데 현재 완전한 형태로 전해지는 작품은 2편밖에 없다.

사포가 여자 제자들과 함께 동성애를 했다는 기록에 따라 여성 동성애를 사피즘(Sapphism) 또는 그녀의 출신 섬 이름을 따서 레즈비언(Lesbian)이라고 한다. 사포는 귀족 출신이면서 한때 유녀(遊女) 직업을 가진 적도 있는 것으로 전해진다.

3. 와인은 유럽의 자부심

와인은 포도 원액을 발효해 만든 술이다. 와인 제조에 쓰이는 포도나무는 거의 대부분 비티스 비니페라(Vitis Vinifera) 품종이다. 사람들은 야생 포도를 오랜 기간 재배하면서 지금의 양조용 포도로 품종 개량했다. 오늘날 와인 제조에 이용되는 비티스 비니페라 품종은 약 50여 종이다. 와인은 영어로 와인(Wine)이고, 프랑스어로는 뱅(Vin), 독일어는 바인(Wein), 이탈리아·스페인어로는 비노(Vino)라 한다. 모두 라틴어의 비눔(Vinum, 포도로 만든 술)에서 비롯된 말이다.

유럽 사람들은 와인을 생활 속에서 항상 가장 가까이해야 한다는 인식을 갖고 있다. 그들은 식탁에서도 음식을 보다 맛있고 분위기 있게 먹기 위해 와인이 필요하다고 여긴다. 어떤 종류의 식사를 하느냐에 따라 그에 맞는 와인을 선택해서 마시는 것을 당연한 관습으로 생각한다. 그들은 식탁에서뿐 아니라 결혼, 성탄절, 생일, 학교 입학 등 무슨 이벤트만 있으면 좋아하는 와인으로 서로 축하하고 축하받는다.

여유 있는 가정에서는 지하 와인 저장고를 만들어서 해마다 와인을 지하에 저장해 놓았다가 이벤트가 있을 때 꺼내 마시는 풍습을 갖고 있다. 특히 아이가 태어나면 그해 수확한 포도로 만든 와인을 몇 상자씩 구입해 그 아이가 성인(18세)이 될 때 개봉해 마시는 전통이 있다. 당연히 태어난 해의 와인을 생일 선물로 주는 풍습이 보편화되어 있다.

포도 수확 철이 되면 유럽 전역에서 와인 축제와 각종 행사가 많이 열린다. 특히 프랑스, 독일, 이태리 등지에서는 이를 관광 상품화해서 외국 관광객을 불러들인다. 이들 나라에서는 조그만 시골 마을에서도 와인 박물관이나 기념관이 있음을 흔히 볼 수 있다. 그만큼 유럽은 와인이 일상생활뿐 아니라 문화적 측면에서 큰 비중을 차지하고 있다.

소시민이나 상류층 할 것 없이 유럽인들은 누구나 와인을 곁에 두고 있다. 와인으로 얘기하고, 와인으로 식사하고, 와인으로 사랑을 나누고, 와인으로 인생을 즐긴다. 그래서 요한 쉬트라우스(Johann Strauss Jr.)는 〈와인과 여인, 그리고 노래〉(Wein Weib Gesang Op.333)라는 왈츠곡을 만들어 와인을 즐기는 행복한 인생을 예찬했다. 유럽인에게 와인은 목마른 자의 생명수였다.

4. 명품 와인의 탄생

카노사(Canossa)성

와인 산업은 로마의 쇠망과 함께 사양길로 들어섰다. 와인 산업이 중흥한 것은 십자군 원정과 수도원의 활발한 와인 육성이 가장 큰 계기였다. 십자군은 중동 원정에서 우량종 포도나무를 들여와 오늘날 유럽 포도의 주종을 이루게 했다. 우량 품종을 바탕으로 카톨릭 수도원 사제들은 심혈을 기울여 포도를 재배하고 와인을 생산했다.

이런 정치·문화적 배경 속에서 프랑스 보르도와 부르고뉴 등지가 와인 생산의 최적합지로 정착했다. 그리고 이 지역 특급 포도원들은 명품 와인을 생산해냈다. 이렇게 해서 14-16세기경에는 와인이 유럽에서 생필품 이상의 의미를 가진 '어떤 좋은 것(Something Good)'으로 자리 잡았다. 16세기 이후 와인은 유럽에서 미국, 남아프리카, 중남미, 호주 등 세계 각국으로 전파되었다.

카톨릭 교회가 와인 생산에 주도적인 역할을 한 사회적 배경은 무엇일까. 중세 카톨릭 교회는 일반 백성들에게 왕이 통치하는 권력 그 이상의 존재였다. 국가를 통치하는 왕들조차 로마 교황을 앞서는 권력과 권위를 가질 수 없었다. 그래서 독일의 신성로마 황제가 교황에게 파문당했다가 치욕적인 용서를 빌고 겨우 사면받은 사건이 발생하기도 했다.[2)]

카노사의 굴욕은 황제의 지상권(至上權)이 교황의 교황권(教皇權)에 굴복했음을 상징적으로 보여 준 역사적 사건이었다. 그만큼 중세에는 교회의 권력과 권위가 국가 권력보다 우선했다.

당시 교회는 법률 이외의 모든 인간사에 필요한 규범과 기준을 제공했다. 교회의 가르침은 일반 서민들이 세상을 살아가는데 필요한 모든 생활 규준이고 삶의 기준이었다.

거의 모든 인간사를 관장하는 교회가 와인을 외면할 리 없었다. 와인은 그리스·로마 때부터 내려온 신성한 음료이자 교회가 주축이 되어 발전시킨 이른바 '전략물자'였다. 더구나 예수의 피로 간주되는 와인을 교회가 관리하는 것은 당연했다.

교회가 와인을 생산하여 자체 수요를 충당하고 남은 여분을 경제적으로 활용하는 것은 교회뿐만 아니라 와인 산업 발전을 위해서도 좋은 일이었다. 서민들에게도 교회가 주축이 되어 와인 산업을 발전시켜 준 것은 바람직했다. 일반 업자들이

---

2) 카노사의 굴욕(Humiliation of Canossa) : 1077년 신성로마황제 하인리히 4세가 자신을 파문한 교황 그레고리우스 7세가 머물고 있던 이탈리아 북부 카노사 성문 앞에서 3일간 맨발로 석고대죄한 후 용서를 받은 사건을 말한다. 황제는 그 후 군대를 이끌고 로마로 쳐들어가 그레고리우스 교황을 폐위해 복수했다.

와인 생산을 담당했다면 품질이 보장되지 않을뿐더러 가격이나 물량 공급에도 차질이 왔을 것이다. 이런 의미에서 교회에서 와인 생산을 담당한 것은 가장 바람직한 사회적 대안이 아니었나 판단된다.

17세기에 개발된 유리병은 와인 생산에 또 다른 전기를 제공했다. 유리병이 개발되면서 와인의 장기 저장과 보관이 가능했다. 이로써 포도원 운영과 와인 제조는 하나의 독자적 산업으로 발전했다. 그리고 유명 포도원들은 자기 제품의 차별화를 위해 와인에 라벨(Label)을 부착했다.

와인 장기 보관에 큰 역할을 한 코르크 마개도 1679년 프랑스 샹파뉴 지방의 오빌레(Hautbillers) 수도원 수도승 동 뻬리뇽(Dom Pérignon)이 개발했다. 코르크 마개는 와인 저장과 숙성에 일대 변혁을 줄 만큼 와인 발전에 중요한 역할을 했다. 이렇게 해서 명품 와인을 탄생시키기 위한 생산 조건과 사회적 상황이 점차 성숙해 갔다.

5. 대중사회의 출현

중세의 마지막 터널을 지나는 14-15세기는 유럽사회에 많은 변혁을 가져다준 시기였다. 자본주의 출현을 예고하는 상업이 발달했고, 경제·사회 부문에서 괄목할 만한 여러 변화가 일어났다. 우선 농업 부문에서 그랬다. 당시 유럽 국가들의 주력 산업은 농업이었다. 영주와 농노로 구성된 장원제도(莊園制度)가 농업 생산을 담당했다. 그러나 농업은 생산성이 낮아 인구를 충분히 먹일 만큼 식량을 생산하지 못했다. 식량 부족으로 인한 빈곤은 피할 수 없는 국가적 운명이었다.

대부분의 유럽 농촌은 15세기 말이 되자 인구 과잉이 가장 큰 사회적 문제가 되었다. 14세기(AD 1348-1350)에 유럽 전역을 휩쓴 페스트로 인구의 30-50%가 희생됐는데도 그러했다. 전쟁과 기근, 빈곤이 인구수를 조절하는 방편이 되었다. 그러나 이런 모든 것들이 식량 문제를 근본적으로 해결해 주지는 않았다.

고질적인 식량 부족 상황을 뚜렷이 호전시킨 새로운 대안이 나왔다. 농업 분야의 새로운 혁신이었다. 이 혁신은 16세기 영국에서 시작된 '인클로저 운동(Enclosure Movement)'이었다. 인클로저 운동은 말 그대로 농토 주변에 울타리나 말뚝을 쳐서 그 경계를 둘러싸는 것(Enclosing)을 말한다. 인클로저 운동이 도입되기 전까지는 유럽 농업 생산은 주로 장원제도 아래서 농노(農奴)들이 담당했다.

장원제에 변화가 일어난 것이 바로 16세기다. 유럽 대륙에서 공장제 수공업을 위주로 한 방직 공업이 발달하면서 양모 수요가 크게 늘어났다. 이렇게 되자 영주들은 자신의 토지에 농작물을 경작하기보다는 양을 방목하는 것이 훨씬 이득이었다. 영주들은 토지를 농노로부터 몰수해 대규모 목초지를 조성했다. 그리고 그 주위에 울타리나 말뚝을 쳤다. 이것이 인클로저였다.

농촌에서 쫓겨난 농노들은 도시로 몰려왔다. 먹고살기 위해 매일 일자리를 구해야 했다. 저임과 가혹한 노동 조건에 시달렸다. 하루살이 임(賃)노동자가 바로 이들이었다. 하루하루를 겨우 연명해 갔다. 농촌에서 도시로 이주해 온 초창기 노동자들의 생활환경은 비참함 그 자체였다.

시간이 흐르면서 그들의 생활은 조금씩 나아졌다. 18-19세기 산업혁명 기간 중에는 이들이 어느덧 사회의 주류 계층으로 자리 잡았다. 이 계층이 바로 대중(The Mass)이다. 그러나 이때가 되어도 그들은 여전히 경제적으로 불안정했다. 일부는 중산층 또는 그 이상의 상류층으로 지위가 상승했지만, 절반 이상의 대중들은 여전히 빈곤에서 벗어나지 못했다.

산업혁명과 상업 발전은 세계를 급속히 자본주의화했다. 자본가들이 신흥 지배계층으로 부상했다. 이들은 구시대 귀족들이 누렸던 권력과 부를 수중에 넣었다. 부에 대한 그들의 욕망은 끝이 없었다. 상당수의 자본가는 양심적인 자본가라기보다 돈벌레에 가까웠다. 돈을 더 벌기 위해 임금 착취는 기본이었다. 노동에 대한 적정한 임금을 주기보다는 어떻게 하면 돈을 적게 주면서 일은 오래 시키느냐에 집착했다.

16세기부터 시작된 자본주의 맹아(萌芽)는 몇백 년이 지나는 동안 자본가와 노동자 간에 많은 갈등과 모순을 겪으면서도 꾸준히 발전했다. 특히 산업혁명은 인류 역사 발전에 큰 전환점을 제공했다. 산업혁명은 자본주의를 만개시키는 직접적인 동인을 제공했고, 인류를 '말더스적 환경'에서 벗어나게도 해 주었다. 산업혁명 이후 인류는 식량 부족이라는 고질적인 어려움에서 해방될 수 있었다. 그리고 인류는 산업혁명 이후에야 비로소 현대 문명에 진입할 수 있는 터전을 마련했다.

대중의 생활수준은 꾸준히 향상되었다. 사회가 점차 자본주의 사회로 변해 가면서 노동자들이 다수를 이루는 대중사회가 형성되고 대중문화가 태동했다. 비록 대중 전체가 경제적인 여유를 누리지는 못했지만 18-19세기에는 그 이전보다 훨씬 많은 사람이 생활에 어느 정도 여유를 가졌다. 경제적 여유는 곧 문화적 향유로 이어졌다. 옛날에는 귀족이나 고귀한 신분 계층만이 누렸던 각종 문화 행위나 취미를 이제는 대중도 누릴 수 있었다. 예술의 대중화(보편화)가 유럽 전역에 확산되었다.

16-18세기만 하더라도 음악 연주회는 귀족이나 신분 높은 사람들의 전유물이었다. 서민들은 기껏해야 동네 공터에 직접 악기를 들고 나와 연주하거나 노래하면서 함께 듣는 것으로 만족해야 했다. 동네 마당의 즉흥 연주가 그들의 무대였다. 여기서 발전한 서민들의 노래가 마드리갈(Madrigal)이었다. 마드리갈은 서민들이 아무 곳에서나 흥얼거리던 노래였다. 마드리갈과 대칭되는 의미의 모테트(Motet)는 주로 교회에서 미사를 보거나 예배할 때 부르는 교회음악이었다. 즉 마드리갈은 서민들이 즐겨 부르는 노래이고, 모테트는 신분이 높은 사람들이 부르던 교회음악이었다. 그러나 이제는 귀족의 전유물이던 연주회도 돈만 있으면 신분에 관계없이 누구든지 볼 수 있게 됐다.

서민들이 경제적 여유를 갖게 되면서 새로 눈뜨게 된 분야가 와인이었다. 그 당시만 해도 와인은 장기 보관이 어렵고 생산량도 한정돼 있어서 가격이 비쌌다. 부자이거나 신분 높은 사람들이 즐기는 고급술이었다. 게다가 보르도나 부르고뉴 등 와인 명산지에서 생산되는 명품 와인은 서민들이 쳐다볼 수 없는 그림의 떡이었다. 그런 와인을 대중들이 마시기 시작했다. 18-19세기 들어 대중의 와인 수요는 눈에 띄게 늘었다. 와인 소비가 이처럼 급증한 데는 몇 가지 이유가 있었다.

첫째, 대중의 경제적 여유가 가장 큰 이유다. 둘째, 과학 발전으로 유리병과 코르크 마개가 발명돼 장기 보관이 가능해지고 가격이 많이 싸졌다. 셋째, 대중들은 와인을 마심으로써 간접적으로 신분이 상승하는 효과를 느꼈다.

이렇게 해서 와인의 대중화 시대가 열렸다. 대중의 와인 선호 추세는 점차 유럽 권역을 벗어나 세계적인 추세로 확대됐다. 유럽의 식민 대상이었던 남미와 북미, 아프리카, 아시아 등 거의 모든 지역에서 포도가 재배되고 와인이 생산되었다. 와인은 더 이상 귀족의 전유물이 아니었다. 와인은 인종과 계층, 지역을 가리지 않고 모든 사람이 즐기는 글로벌 알코올음료로 발전했다.

6. 현대의 대중사회

20세기에 인류는 대량 생산, 대량 소비 사회에 들어섰다. 이런 사회를 가능케 한 원동력을 제공한 것은 자본주의 발달이었다. 산업이 대규모화하고 대량의 값싼 제품이 시장에 쏟아졌다. 대량의 공산품 소비는 거대한 사회 계층인 대중(the mass)이 존재함으로써 가능했다.

대중은 초기 자본주의 시대를 지나 현대에 이르는 동안 여러 특징적인 변화를 겪었다. 우선 정치·사회적으로 그들은 가장 유력한 사회 계층이 되었다. 민주주의가 발전하면서 다수에 의한 통치구조가 확립되고 대중은 사회를 움직이는 가장 강력한 계층으로 자리 잡았다. 둘째, 대중이 사회 구성원의 절대다수를 차지함에 따라 이들만의 독특한 대중문화가 생성되었다. 셋째, 대중의 경제적 수준이 향상되면서 대중의 소비추세에 따라 경기가 좌우되었다.

이 세 가지 변화 가운데 가장 중요한 변화는 문화 부문의 변화, 즉 대중문화의 생성이었다. 좁은 의미에서 '문화'는 예술을 가리킨다. 그런데 대중사회가 출현하기 이전의 문화는 소수의 귀족만이 누렸다. 그러다 대중사회가 발전하면서 대중의 사회적 지위와 권리가 신장하고 경제적 여유를 가지게 되었다. 이 과정에서 대중은 문화 활동에 참여하게 되고 이른바 '대중문화'라는 큰 변화를 낳게 했다.

대중사회 이전에는 예술가들은 소수의 귀족을 만족시켜 주면 되었다. 그러나 대중사회가 도래하자 예술 활동은 보다 많은 사람의 취향과 욕구를 만족시켜야 했다. 문화가 대중의 수적(數的) 우세에 영향받았다. 자연히 예술 활동의 방향도 점차 대중의 취향에 맞는 쪽으로 변했다. 그러나 이 변화는 예술의 질을 떨어뜨리는 '하향 평준화'의 변화였다. 문화의 하향 평준화를 부채질한 것은 매스 미디어, 특히 TV였다. 그래서 오늘날 대중문화는 '저급문화'로 표현된다.

대중문화의 저급화를 촉진한 또 다른 요인은 '상업성'이다. 오늘날 거의 모든 대중문화는 이윤을 극대화하려는 상업성과 연관돼 있다. 따라서 현대사회의 대중문화는 한마디로 소비자의 호주머니를 겨냥해 만든 상업문화다. 돈벌이가 되지 않는 대중문화가 있다면 그 문화는 오래가지 않는다. 그 결과 오늘의 대중문화는 보다 많은 소비자를 끌어들이기 위해 용의주도한 마케팅 기법을 문화 속에 삽입한다.

7. 와인 문화의 대중화

와인과 포도 바구니

돈벌이가 목적이라고 해서 그것이 반드시 나쁜 것은 아니다. 수용자들이 현명하게 판단하고, 대중문화 생산자들이 건전한 양식을 갖고 문화상품을 만든다면, 대중문화는 우리에게 매우 유익한 문화가 된다.

이런 측면에서 볼 때 와인 문화는 건전한 대중문화의 한 장르를 차지할 수 있는 조건을 갖추고 있다. 와인은 원래 신분이 고귀한 사람들이 마신 술이었다.

와인이 사람들의 사랑을 받는 것은 와인이 가진 다양한 맛과 향, 그리고 적절한 알코올 도수 덕분이다. 값이 싼 것도 한몫한다. 유럽인들이 가정 식탁에서 마시는 테이블 와인(Vin de Table)은 대개 한 병에 우리 돈으로 몇천 원 수준이다. 와인은 건강에도 이롭다. 그래서 와인은 유럽에서 누구나 즐겨 마시는 대중적인 술로 정착했다. 유럽의 와인 문화는 누구나 공감할 수 있는 건전한 대중문화의 한 장르로 오래전에 자리 잡았다.

1) 소비패턴 변화

20세기에 들어서면서 와인에 대한 소비패턴이 뚜렷이 변화했다. 19세기까지만 해도 유럽 대부분의 상류 가정에는 와인 저장고가 실외나 지하에 있었다. 제1차 세계대전(1914-1918) 이후 상류층이 대거 몰락하고, 전쟁 후유증으로 주택 부족 현상이 심각했다. 아파트가 등장했다. 그러나 당시 아파트에서는 냉장고가 없어 와인을 보관할 수 없었다. 와인을 장기 보관할 공간이 부족했다. 또 전쟁으로 오래된 빈티지의 와인도 재고가 바닥났다. 와인은 마셔야 하는데 평소 마시던 괜찮은(오래된) 와인을 구하기가 힘들었다. 결국 어쩔 수 없이 선택한 대안이 맛이 거친 어린 와인(young wine)이었다. 평소에는 거들떠보지도 않은 와인이었다.

신생 와인 생산국인 미국에서도 와인을 구하기 힘들었다. 금주법(1919-1933) 때문에 미국의 와인 재고가 바닥나고, 와이너리들도 하나둘 문을 닫았다. 세계대전과 금주법은 와인 소비패턴에 큰 영향을 미쳤다. 재고가 바닥난 오래된 와인보다는 영 와인을 찾으려는 변화가 나타났다. 구하기 힘든 오래된 와인 대신에 병입한 지 얼마 되지 않은 영 와인을 찾았다.

생산자들도 이런 변화에 신속히 대응했다. 빈티지가 오래된 와인보다는 숙성 후 바로 출하·시판하는 젊은 와인을 대량 생산했다. 이전에는 빈티지가 몇십 년 된

묵은 와인을 내놓던 와이너리들이 이제는 짧은 기간 숙성 후 바로 병입한 영 와인을 시장에 내놓았다. 그리고 영 와인의 거칠고 부족한 결점을 메우기 위해 생산업자들은 과일이나 꽃 향미가 나는 와인을 생산하는 쪽으로 방향을 전환했다. 그래서 나타난 대안이 향미가 강한 숙성 초기의 와인이었다.

이처럼 1차 세계대전이 와인 소비패턴 변화에 최대의 전환점이었다. 그 이전에는 와인을 격조 있게 마시는 게 일상이었다. 그런데 대전 이후는 이런 패턴이 무너졌다. 거기다 빈티지가 오래된 와인은 찾기도 힘들었다. 그 대안이 어리고 과일 향이 물씬 나는 영 와인이었다. 영 와인이라고 해서 반드시 나쁜 건 아니다. 그러나 당장의 부족함을 메우기 위해 나온 대안이 영 와인이었다. 이런 대안들은 장기 숙성을 필요로 하는 오래된 와인이 갖추고 있는 원숙함을 희생양으로 삼아야 했다.

2) 와인 소비의 미국화 현상

와인 문화를 즐기기 위해서는 무엇보다 평소에 와인을 곁에 두는 습관을 갖는 것이 좋다. 그것도 한두 병이 아니라 최소한 10병 이상은 두어야 한다. 그렇다고 경제적 부담을 넘어서는 과다한 와인 구매는 바람직하지 않다. 자신의 호주머니 사정과 생활 여유를 고려해야 한다. 와인을 보관하려면 와인 셀러가 필수다. 물론 셀러 없이도 와인을 잘 보관할 수 있다면 아무런 문제가 없다. 그러나 주로 아파트가 주거 공간인 요즈음 와인을 잘 보관한다는 것은 생각보다 어려운 일이다. 그래서 와인 셀러가 필요하다.

와인의 구매 패턴이 전 세계적으로 획일적 방향으로 가는 경향이 있다. 즉 구매 패턴이 값비싼 와인 위주로 형성되고, 안전하고 이름 있는 품종의 와인을 구매하려는 성향으로 가고 있다는 얘기다. 이른바 와인 구매의 독과점화 현상[3]이 나타나

3) 와인 구매의 독과점화 현상은 구매자들이 이름 있는 품종과 생산국 등을 우선적으로 고려해 와인을 구매하는 성향을 일컫는다. 예를 들면 레드 와인 품종은 까베르네 쏘비뇽, 화이트 와인 품종은 샤르도네를 선택한다. 이런

고 있다. 독과점화는 미국을 중심으로 전 세계로 확산되고 있다. 심지어 와인 종주국들이라 할 수 있는 유럽에서조차 미국을 따라가려는 추세를 보이고 있다.

미국 주도의 이런 독과점화 현상은 몇 가지 주요 요인에 의해 영향받고 있다. 첫째, 미국 소비자들이 특히 1990년대 이후 와인 소비를 크게 늘리고 있다는 점이다. 둘째, 와인 소비에 큰 영향을 미치는 와인 전문지와 와인 평론가들이 미국에 편중돼 있고, 이들이 소비자들을 움직이고 있기 때문으로 분석된다.

실내 와인 셀러

이런 독과점화 추세로 미국에서는 레드 와인은 까베르네 쏘비뇽, 화이트 와인은 샤르도네가 하나의 패키지(묶음)가 되어서 소비되고 있다. 실제로 미국에서 가장 많이 팔리는 와인은 이 두 종류의 품종을 중심으로 이뤄지고 있다. 미국의 이런 품종 편중 현상이 세계적인 현상으로 확산되고 있다. 와인의 미국화 현상이 글로벌

구매 패턴은 동일한 품종, 동일한 생산국을 선호하는 이른바 독과점화 현상을 나타내고 있다.

화하고 있다는 의미다. 쏘비뇽과 샤르도네 중심으로 고급 와인을 소비하는 미국식 소비패턴은 지금도 전 세계로 확대되고 있다.

전통적인 유럽 와인 문화는 원래 고급 와인을 중심으로 이뤄진 게 아니었다. 비싼 고급 와인을 평범한 서민들이 일상적으로 마실 수 없었다. 절대다수 서민은 값싼 와인을 마셨다. 그러나 특히 1970년대 이후 미국과 유럽 등 선진국들의 경제적 부가 확장됨에 따라 고급 와인에 대한 수요가 급증했다. 여기다 신규 와인 소비자들이 세계적으로 늘어나면서 고급 와인 수요는 해마다 급속히 늘어났다.

이 신규 소비층이 고급 와인으로의 소비패턴 변화를 주도했다. 이들은 옛날 귀족처럼 숙성된 고급 와인을 마셔 본 경험이 생소했다. 또 와인에 대한 기본 지식이 부족했고, 체계적인 와인 교육도 제대로 받지 못했다. 그들은 자연히 다음의 세 가지 특성을 노출했다. 하나는 와인 맛이 뚜렷하고 강해야 하며, 둘은 시장에 나온 와인은 출시 후 바로 마실 수 있어야 했다. 셋은 그들이 대체로 선호하는 스타일은 스위트 와인보다는 드라이 와인이었다.

'뚜렷한 맛, 그리고 바로 마실 수 있는 드라이 와인'이 현대 소비자들의 와인 소비패턴이자 미국인들의 소비성향이다. 이런 소비성향을 맞추기 위해 미국 와인 생산자들은 라벨에 생산 지역보다는 품종 이름을 제일 크게 표기했다. 이에 비해 유럽은 여전히 와인을 생산하는 데 결정적인 자연조건인 떼루아르를 중시하고 있다.

문제는 다른 곳에서 일어나고 있다. 와인의 독과점화 현상, 즉 미국화 현상이 와인의 개성과 다양성을 사라지게 하거나 위축시키는 결과를 초래하고 있다는 사실이다. 와인이 인류가 낳은 최고의 술로 자리매김한 이유는 무엇보다 와인의 다양성 때문이다. 그런데 전 세계의 와인이 몇몇 소수 품종으로 획일화된다면, 와인 문화는 아마도 금세기를 넘기지 못하고 소멸할지 모른다.

유럽 생산자들은 떼루아르를 중시, 와인 라벨에 품종 대신 산지를 내세우고 있다. 와인의 다양성을 추구한다는 의미다. 그럼에도 불구하고 요즘은 유럽 생산자들조차 떼루아르의 특성보다는 품종 자체의 특성을 잘 드러내게 하려고 노력하고 있다.

품종을 중시하는 성향은 전체 와인을 평준화한다. 품종 위주로 와인을 생산하면 생산지 즉 떼루아르의 특성은 사라지거나 엷어진다. 이런 패턴이 장기화하면 떼루아르를 강조한 오리지널 와인(원형 와인)은 점차 사라진다. 그리고 원형 와인 대신 특정 품종 중심의 모방 복제 와인이 자리를 차지한다. 결국에는 복제 와인이 원형 와인을 구축(驅逐)한다. 이것이 오늘날 전 세계가 직면한 왜곡된 와인 문화의 현실이다.

희망이 없지는 않다. 이탈리아와 프랑스의 부르고뉴와 보르도, 코카사스 등지에서는 떼루아르를 강조하는 와이너리가 여전히 많이 존재한다. 이들은 와인 자체를 표현하기보다는 생산지의 특성(떼루아르)을 충실히 표현하는 데 목표를 두고 있다. 그들은 미국화가 아닌 현지화 와인을 생산함으로써 와인의 깊이와 독특한 풍미를 더욱 드러내려고 노력하고 있다.

소비자들도 결국 품종 중심의 미국화에서 떼루아르 중심의 원형 와인으로 되돌아올 것이다. 그러다 보면 숙성 초기에는 닫혀 있다가 시간이 지나면서 깊은 풍미와 부드러움을 드러내는 살아 있는 와인을 경험할 수 있다. 쏘비뇽과 샤르도네에 안주하는 패턴에서 탈피하면 와인의 다양성과 깊은 향취를 맛보는 새로운 와인 문화를 만끽할 수 있다. 이것이 와인 애호가들이 궁극적으로 지향해야 하는 참다운 와인 문화의 방향이다.

3) 건전한 와인 문화

유럽인들이 식탁에서 마시는 테이블 와인(Vin de Table)은 한 병에 우리나라 돈으로 몇천 원 수준이다. 와인은 유럽에서 누구나 즐겨 마실 수 있는 대중적인 음료로 정착한 지 이미 오래다. 유럽의 이런 와인 문화는 존경받을만한 가치가 충분히 있는 대중문화다.

그렇다면 우리나라로 시각을 돌려보자. 우리나라에서는 소득이 1만 달러 수준에 가까워졌을 때부터 와인 수요가 늘어났다. 요즘은 웬만한 사람이면 와인을 심심찮게 마시곤 한다. 50-60대 장년층에서 20대 청년층까지가 주요 와인 소비자들이다. 해마다 와인 수입량이 늘어나고, 와인바도 많이 생겼다. 그러나 아직 건전하고 올바른 와인 문화가 정착했다고 보기에는 좀 이르다.

우리나라 와인 소비는 주로 대도시를 중심으로 이뤄지고 있다. 서울을 비롯한 수도권이 와인 소비의 50% 이상을 차지하고 있다. 고급 와인의 대부분은 서울 특급호텔과 고급 레스토랑, 와인바, 그리고 지방 특급호텔에서 주로 소비되고 있다. 중저가 와인은 수도권 일부 지역과 지방 대도시에서 인기가 높다. 그러나 서민의 입장에서 볼 때 와인은 아직도 일부 지역, 일부 계층이 마시는 술이다.

수도권에서는 이제 와인이 생활의 일부로 자리 잡고 있다. 그러나 지방에서는 서울의 와인 평균 가격보다 높은 가격의 와인이 팔리고 있다. 높은 가격대의 와인이 팔린다는 것은 그 지역의 와인 소비가 이제야 시작되고 있음을 시사해 준다. 와인 소비 추세는 초기에는 값비싼 유명 와인 위주로 소비되다가 차츰 중저가 와인으로 소비되는 패턴을 보인다.

주변을 둘러보면 무조건 비싼 와인을 찾는 사람들이 있다. 아직 와인에 관해 익숙하지 않은 탓이리라 본다. 또 다른 원인은 졸부(猝富) 근성에서 찾을 수 있다. 카페나 와인바에서 소믈리에에게 무조건 비싼 와인을 주문하는 경우를 흔히 볼 수 있다. 몇십만 원 이상 하는 비싼 와인을 마신다. 그들은 비싼 와인을 마셔야 좋은 와인을 마신 줄 안다. 과연 그들이 와인 맛을 제대로 알기나 알고 마신 것일까. 맛은 모르면서 거드름 피우거나 돈 많음을 과시하기 위해 비싼 와인을 주문하고 거만 떨지 않았을까.

우리나라 소믈리에와 와인 판매업자들이 우선해야 할 일은 소비자의 취향에 맞는 와인을 추천하고 선택해 주는 일이다. 적지 않은 소비자들이 와인 선택 시 어떤 와인을 어떤 가격으로 결정해야 할지 난감해한다. 소비자의 이런 어려움을 소믈리에와 판매업자들이 덜어 주어야 한다. 이들은 소비자가 뭘 원하는지 읽어 내어서 그가 가장 원하는 와인을 권유해야 한다. 이런 행위가 건전한 와인 유통 문화 정착에 도움이 된다. 손님 행색을 봐 가며 비싼 와인을 권유하는 그런 행태가 근절되지 않는 한 와인 문화의 건전화는 요원하다. 와인 문화가 정착하면 와인 소비패턴도 변한다. 시장에서 품질이 낮은 와인은 소비가 줄고, 양질의 싼 와인 중심으로 시장이 재편될 것이다.

한때 기혼 여성들 사이에 샤토 마르고가 인기가 높았다. 얘기를 들어 보면 이러하다. 꽤 오래전 히트를 친 어느 일본 소설의 마지막 장면에서 두 불륜 남녀가 한계 상황에 이르자 샤토 마르고를 마신 후 동반 자살했다. 이 소설을 읽거나 전해 들은 우리나라 주부들이 샤토 마르고의 맛도 모르면서 한 병에 최소 몇십만 원이나 하는 이 와인을 주문해 마셨다고 한다. 이런 무분별하고 맹목적인 왜색문화 추종은 보는 사람들의 눈살을 찌푸리게 하기에 충분했다.

문제는 마르고 와인을 찾는 그들 중에 이 와인의 맛을 정말로 알고 마신 사람이 몇이나 될까 하는 점이다. 내 돈 주고 내가 마시는데 네가 웬 상관이냐고 할지 모른다. 그러나 맛도 모르면서 비싼 와인을 음료수 마시듯 벌컥벌컥 마셔대는 모양은 아무리 봐도 천박함 그 자체다. 건전한 와인 문화는 이런 무분별하고 천박한 분위기에서 조성되지 않는다. 찰나적이고 졸부 근성의 충동으로 와인을 찾는 것은 어쩌면 와인 자체를 모독하는 일인지도 모른다. 심하게 말하자면 와인 무식쟁이들이 어디서 이름 하나 듣고 와서는 그냥 마구 마셔대는 거나 다름없다. 와인 문화의 대중화가 이런 식으로 이뤄진다면 그 문화는 틀림없이 왜곡되고 천박한 문화로 전락한다.

건전한 와인 문화 정착을 위해 또 하나 유념해야 할 사항은 와인은 취하기 위해 마시는 술이 아니라는 점이다. 와인은 인간관계를 친밀하게 하고, 건강을 위하고, 비즈니스에 필요한 문화적 도구로서 역할하고 있다. 와인은 절제를 미덕으로 삼는 술이다. 와인도 술이므로 많이 마시면 알코올 중독으로 이끈다.

와인을 그 향과 맛, 색깔을 음미하면서 하나의 예술품으로서 격조 있는 술로 즐기고 향유할 때 비로소 우리는 와인에 눈 뜨게 된다. 이 단계에 들어서면 그 옛날 귀족의 전유물이던 와인이 우리 품속으로 들어오게 된다. 우리의 와인 문화도 이럴 때 건전한 대중문화의 하나가 된다.

8. 히브리즘과 헬레니즘

와인의 고향은 소(小)아시아 지방이지만 와인이 꽃피운 곳은 서양이다. 그래서 와인을 알기 위해서는 서양 문명과 문화를 먼저 이해하는 게 순서다. 서양의 문명·문화를 얘기할 때 히브리즘과 헬레니즘을 빼놓고는 말할 수 없다. 기독교에 대한 이해가 필수이고, 그리스·로마의 맥을 잇는 헬레니즘을 알아야 오늘의 서구 문명을 제대로 진단할 수 있다.

와인에 관한 글에서 웬 히브리즘이며 헬레니즘이냐고 의아해할지 모른다. 오늘의 유럽이 히브리즘과 헬레니즘 바탕 위에서 존재하듯이, 와인도 바로 이 두 요소에 의해 발전했다. 와인은 히브리즘과 헬레니즘이라는 온상에서 자라났다. 이 두 문화에서 와인은 신의 세계와 인간 세계를 연결해 주는 커뮤니케이션 통로 역할을 했다. 히브리즘과 헬레니즘 시대에 와인은 인간의 입장에서 보면 인간의 소망과 희망을 신에게 읊조리는 소통 수단이었다. 신의 입장에서는 와인은 인간이 신을 더욱 숭배토록 해 주는 신탁물(神託物)이었으며, 또한 인간에게 인생의 열락을 맛보게 해 주는 생명수였다. 그래서 그리스 주신 디오니소스는 인간에게 포도 열매로 와인 만드는 방법을 가르쳐 주어서 그들이 신을 섬기고 인생을 즐기도록 해 주었다.

1) 노아와 와인

노아의 방주(Noah's ark)

구약성서의 창세기 6-9장을 보면 야훼는 인간이 점점 사악해지자 인간을 만든 것을 후회했다. 그래서 모든 인간을 멸망시키기로 마음먹었다. 그러나 죄가 없는 노아는 살려 주기로 하고 노아에게 홍수를 피하는 방주를 만들라고 지시했다. 방주에는 노아와 그의 아내 사라, 세 아들 셈과 함, 야벳, 며느리 셋 등 가족 8명, 그리고 모든 종류의 동물을 암수 한 쌍씩 태우게 했다. 홍수는 40일간 계속되었다. 150일 후에 물이 빠지기 시작했다. 노아는 방주에 들어간 뒤 7개월 17일 만에 방주에서 나왔다. 방주에서 내린 곳은 아라라트(Ararat)산 기슭이었다. 아라라트산은 지금의 튀르키예 동부 내륙에 있다.

노아는 까마귀를 날려 보냈으나 까마귀들이 곧 되돌아왔다. 다시 비둘기를 보냈으나 역시 되돌아왔다. 7일 후 다시 비둘기를 날려 보냈다. 얼마 후 비둘기는 입에 올리브 잎을 물고 되돌아왔다. 노아는 이제 물이 빠진 줄 알았다. 7일 후에 다시 비둘기를 날려 보내자 다시는 돌아오지 않았다. 노아는 방주에서 나와 야훼에게 제물을 바쳤다. 야훼는 사람과 동물이 지상에서 번성하도록 축복하고, 다시는 홍수로 인간을 멸망시키지 않겠다고 노아에게 약속했다. 야훼는 그 증표로 무지개를 하늘에 띄웠다.

아라라트(ararat)산

대홍수가 끝나자 죄를 지은 인류는 모두 멸망했다. 가족과 함께 유일하게 살아남은 노아는 방주에서 나오자마자 포도나무를 심었다. 포도를 수확한 뒤 포도주를 담가서 그 포도주를 마셨다. 구약 창세기에는 노아가 포도를 처음 재배한 사람이었다. 그러나 실제는 노아가 포도를 처음 재배하고 와인을 처음 마신 사람은 아니다. 그 이전 수천 년 전에 지금의 중근동 지역과 이집트 등에서 포도가 재배되고 와인이 생산됐다. 구약은 유대인의 얘기였으므로 노아가 와인을 처음 마셨다는 것은 유대 사회에서 처음 그랬다는 얘기다.

인류 사회가 유대 사회에서 비롯된 것이 아닌 것처럼 와인도 노아보다 훨씬 전 다른 인류 사회에서 이미 존재했다. 노아의 얘기는 단지 유대 사회에 국한된 얘기일 뿐이다. 이를 증명하는 또 다른 얘기가 있다. 노아의 방주와 거의 비슷한 얘기가 수메르족이 남긴 '길가메시 서사시'에서 나온다. 이 서사시 얘기는 노아의 방주 얘기보다 연대가 훨씬 앞선다. 서사시를 관찰한 다음 다시 노아의 방주 얘기와 연관시켜 본다.

2) 길가메시 서사시

BC 2000년경 점토판에 기록된 길가메시 서사시(Gilgamesh Epoth)는 두 가지 점에서 중요한 시사점을 던져 주고 있다. 첫째는 메소포타미아 문명의 실체를 보여 주었다는 점이고, 둘째는 구약성서에서 나오는 노아의 홍수와 너무나 흡사한 대홍수 얘기를 담고 있다는 점이다. 이 두 번째 요소가 노아의 방주에 대한 기독교 측의 해석과 달라 많은 논란을 일으켰다.

길가메시 점토판

길가메시 서사시의 주요 내용을 간추려 본다.

"인간이 교만해졌기 때문에 신들은 인간을 멸하기로 결정했다. 그러나 에아 신이 우트나피시팀에게만 방주를 만들어 홍수에 대비하라고 말해 주었다. 우트나피시팀은 목수들에게 방주를 만들라고 명했다. 목수들은 화이트 와인과 레드 와인을 마시면서 7일 만에 배를 만들었다. 우트나피시팀은 방주에 가족과 온갖 짐승을 태웠다. 그러자 거대한 폭풍우가 일어났고 세상은 멸망했다. 홍수가 그치고 7일이 지난 후 우트나피시팀은 비둘기, 제비, 까마귀를 날려 보내 물이 빠졌는지 확인했다. 까마귀가 방주로 돌아오지 않자 그는 물이 완전히 빠졌음을 알았다. 그는 방주에서 나와 산에서 제사를 지냈다. 신들은 우트나피시팀을 어여삐 여겨 영생을 주었다."

길가메시 서사시는 1872년 영국인 고고학자 레이어드(Austen Henry Layard, 1817-1894)와 그의 조수 조지 스미스(George Smith, 1840-1876)가 티그리스 강변의 케나 세립 왕(BC 704-681) 궁전에서 출토된 점토판 장서(藏書)에서 발견하고 발표한 내용이다.

케나 세립 왕은 아시리아의 정복왕이었다.

해독한 내용은 너무나 충격적이었다. 이 서사시가 노아의 방주 얘기와 너무나 똑같았기 때문이다. 길가메시 서사시가 발표되자 유럽사회는 발칵 뒤집어졌다. 구약성서에 수록된 사건들이 단순한 신화나 전설이 아니라, 실제로 있었던 역사적인 사실일지 모른다는 인식이 고조되었다.

문제는 다른 데서 나왔다. 즉 길가메시 서사시의 기록연대가 구약성서보다 훨씬 앞서므로 성서 내용이 길가메시 서사시를 베낀 게 아니냐는 의문이 제기되었다. 길가메시는 BC 2800년경 살았던 실존 인물이고, 길가메시 서사시는 BC 2000년경에 최초로 기록된 것으로 추정되고 있다. 구약성서가 본격적으로 기록되기 시작한 시기는 BC 6-5세기이므로 길가메시 서사시의 작성 시기가 구약성서보다 1,500년 가까이 앞선다.

어떻게 똑같은 내용이 구약성서보다 1천 수백 년이나 앞선 메소포타미아 문명의 기록에서 나왔을까. 그것은 구약에 기록된 노아의 방주 얘기가 유대인의 독창적인 얘기가 아니었음을 시사해 준다. 즉 이미 몇천 년 전 메소포타미아 문명권의 여러 민족에 구전돼 온 '대홍수' 이야기를 유대 민족이 자기들 얘기인 것처럼 꾸몄으리라는 해석이 나온다.

대홍수 얘기의 원본은 길가메시 등 수메르족이 남긴 여러 신화다. 후에 구약을 만들던 유대교 사제들이 수메르족의 대홍수 얘기를 전해 듣고 이를 구약에 삽입키로 한 것이다. 죄지은 사람들을 물로 심판한다는 내용이 너무나 그들 맘에 들었다. 사제들은 길가메시 대홍수 얘기를 유대판 대홍수 얘기로 각색하여 구약에 올렸다. 그리고 주인공만 노아로 바꾸었다.

구약성서는 BC 6세기경 바빌론 유수에서 풀려난 유대교 사제들이 유수 기간 중 전해 들은 길가메시 이야기를 유대의 대홍수 얘기로 꾸몄다는 해석이 유력하다. 그들은 유수기간 동안 형성된 민족 동질감을 종교적으로 승화시키려는 목적에서 길가메시 서사시를 유대의 대홍수로 바꿔서 기록했다는 것이다. 구약 노아의 방주 얘기는 수메르족 길가메시 서사시의 복사판이다. 이런 사실을 알게 된 19세기 말 서구의 기독교 교회는 충격과 함께 상당한 위기를 맞았다고 전해진다.

9. 헬레니즘 - 그리스 문화의 세계화

헬레니즘 유적

고대 그리스 문화는 알렉산더 대왕의 사후 세계문화로 발전했다. 그리스 문화가 오리엔트 문화와 융합해 범세계적인 문화로 승화한 것이다. 그래서 헬레니즘은 그리스라는 지역적 한계를 뛰어넘어서 전 세계에 보편화한 문화로 자리 잡았다. 헬레니즘은 그리스인들이 스스로를 가리키는 헬레네(Hellenes)라는 낱말에서 유래한 용어로 '그리스풍'이라는 의미다.

헬레니즘은 그리스적인 문화·예술·사상·정신이 세계화한 것을 말한다. 헬레니즘 문화는 와인을 육성하고 번성시키는 데 크게 공헌했다. BC 1500년경 메소포타미아 문명의 한 종족인 페니키아인들이 포도와 와인을 그리스에 전래했다. 그리스는 와인을 생산한 최초의 유럽 국가였다. 그리고 그리스는 와인 주조법을 로마에 전수했다. 로마는 유럽을 석권한 뒤 그 속국들에 포도 재배와 와인 양조를 중요한 농업으로 삼도록 했다. 로마에 의해 와인이 유럽에서 발전했다.

유럽은 로마 시대 이후 지금까지 세계 와인의 중심지로서의 위치를 확고히 하고 있다. 특히 중세 교회가 와인 양조와 와인 기술 발전에 큰 역할을 담당한 이후 유럽 와인은 하나의 산업으로 발전했다. 근대 들어 대중사회가 성립하면서 일반 시민들도 와인을 즐겨 마시면서 와인을 찬양했다.

유럽은 지질이 대부분 석회암지대여서 수질이 좋지 않다. 당시 사람들은 좋은 물을 구하기 어려웠으므로 식사 때 와인을 음료수 대용으로 사용했다. 와인이 식사용 술로 정착된 것도 유럽의 이런 물 사정이 한몫했다. 유럽인에게는 이제 와인이 일상생활의 가장 중요한 일부가 되었다. 나중에는 와인으로 세금을 납부할 수 있었을 정도로 와인은 현금이나 마찬가지 대접을 받았다.

오늘날 유럽은 와인 종주국으로 인정받고 있다. 그리고 와인이 다른 술과는 다른 특별한 술로 대접받는 것은 그리스 헬레니즘 문화의 오랜 역사적·문화적 가치를 소중하게 생각하는 데서 찾을 수 있다. 지금 우리가 와인을 음미하고 그것을 통해 삶의 여유를 찾을 수 있게 된 것은 알렉산더 대왕이 남겨 놓은 그리스 문화의 보편화, 즉 헬레니즘 유산 덕분이다. 이처럼 인류의 지혜와 문화는 수천 년의 시간과 공간을 뛰어넘어 오늘에도 여전히 찬란한 빛을 발하고 있다. 역사는 유전하고 현재와 과거를 잇는 가교라는 말이 새삼스럽게 가슴에 와닿는다.

3장

사랑의 넝쿨나무

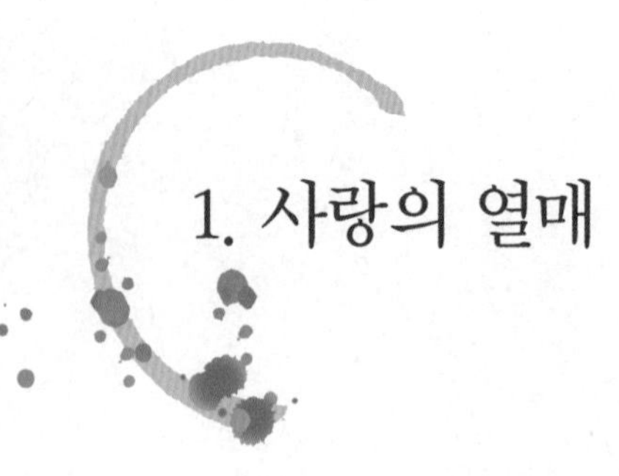

1. 사랑의 열매

유럽종 포도나무의 학명은 비티스 비니페라(Vitis Vinifera)로 갈매나무목 포도과 낙엽성 넝쿨식물이다. 포도(葡萄)라는 명칭은 유럽종 포도의 원산지인 소아시아 지방 언어인 '부도(Budow)'라는 이름에서 유래했다.

따라서 포도는 순수 우리말이 아니라 '부도'라는 말에서 따온 외래어다. 포도는 크게 양조용, 식용, 건포도용 등 세 가지로 분류할 수 있다.

식용은 전 세계에서 재배되는 포도의 약 12%이며,

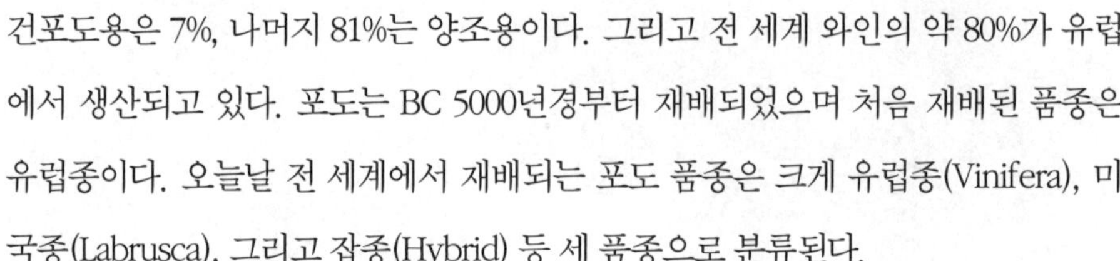

건포도용은 7%, 나머지 81%는 양조용이다. 그리고 전 세계 와인의 약 80%가 유럽에서 생산되고 있다. 포도는 BC 5000년경부터 재배되었으며 처음 재배된 품종은 유럽종이다. 오늘날 전 세계에서 재배되는 포도 품종은 크게 유럽종(Vinifera), 미국종(Labrusca), 그리고 잡종(Hybrid) 등 세 품종으로 분류된다.

1) 비티스 비니페라(Vitis Vinifera)

포도의 학명은 비티스 비니페라(Vitis Vinifera)로 포도속(屬)의 식물을 총칭한다.

넓은 의미의 포도 품종에는 포도(Vitis Vinifera), 미국 포도(Vitis Labrusca), 교배종(Hybrid) 등이 있다. 양조용 포도인 비티스 비니페라는 그 재배 과정에 따라 다시 남유럽계, 중앙아시아계, 동아시아계 등으로 분화했다. 비티스 비니페라는 오늘날 약 15만 종에 이르고 있다.

양조용 포도 품종은 거의 대부분 비티스 비니페라(Vitis Vinifera)이다. 우리에게 잘 알려진 까베르네 쏘비뇽이나 메를로 등의 품종은 바로 이 비티스 비니페라의 아류 품종들이다. 현재 양조용으로 재배되는 품종은 40여 종에 불과하다.

비티스 비니페라의 야생종은 한때 남유럽과 근동, 코카서스 지방에서 생장했으며, 아직도 근동과 튀르키예 일부 지역에서 발견되고 있다. 포도를 최초로 재배한 사람들은 남코카서스인이다. 이들은 야생포도를 채집해서 술을 빚었고, 후에 포도나무를 정원에 심었을 것으로 추측된다. 그들은 약 7천 년 전에 현재의 조지아(Georgia), 아제르바이잔(Azerbaizan), 아르메니아(Armenia)의 어딘가에서 포도나무를 처음 재배했다. 와인의 원산지는 바로 이 코카사스 3국이다.

조지아의 한 와이너리

유럽의 포도 재배는 그로부터 최소한 1천 년이 지나서야 가능했다. 유럽에서 처음 포도를 재배한 곳은 그리스다. 술을 의미하는 그리스어 Owas는 중동 셈족의 외래어 Yain 또는 Wain에서 유래했다. 이처럼 비슷한 발음의 언어 변천 과정을 봐도 그리스 와인은 중근동을 거쳐서 유입됐음이 입증되고 있다.

포도나무는 뿌리가 멀리까지 뻗어야 여러 곳의 수분과 양분을 흡수할 수 있다. 그래서 척박하고 돌이 많은 지역에 포도나무를 심으면 포도나무 자체의 왕성한 성장은 더디지만, 대신 열매를 충실히 맺는다.

유럽종은 품질이 우수하고 가뭄에 잘 견딘다. 그러나 추위와 병충해에 약하다. 또 비에 의한 열과(裂果)가 많으므로 생육기에 비가 많이 내리면 좋지 않다. 북아메리카에서 포도 재배가 본격적으로 이뤄진 시기는 17세기 초 유럽 포도가 도입된 이후부터다. 기상 조건이 적합한 캘리포니아에서 재배가 활발했다. 씨 없는 품종으로 유명한 톰슨 시들리스(Thompson Seedless) 품종은 캘리포니아에서 가장 많이 생산된다.

기상 조건이 그다지 좋지 않고 병충해가 심한 미국 동부에서는 병충해에 강한 미국 포도 품종인 라브루스카(Vitis Labrusca)가 재배되었다. 이 품종은 식용품종이며 미국종의 중심종이다. 라브루스카는 또 품질이 좋은 유럽 포도와 미국 포도와의 교배를 통해 개량품종으로도 만들어졌다.

2) 병 주고 약 준 미국의 필록세라

18세기 이후 미국 포도가 유럽에 들어왔다. 이 미국종 포도가 유럽 포도에겐 독약이었다. 수입된 미국 포도 품종에 뿌리를 갉아 먹는 포도뿌리혹벌레 필록세라(Phylloxera)가 함께 묻어 왔다. 필록세라는 유럽포도를 전멸 위기로 몰아넣었다.

필록세라는 뿌리와 잎에 기생하면서 수액을 빨아먹는 진딧물이다. 이 진딧물이

피해 부위에 혹 덩어리를 만들어 포도나무를 말라 죽게 했다. 그러나 미국 동부 지역에서 필록세라에 저항성이 강한 품종이 발견됐다. 그리고 이 저항성 품종과 접붙이기(臺木) 방법이 미국에서 개발되었다. 이 대목 재배법이 유럽에 전파되었다. 대목 재배법은 유럽 포도나무를 살렸다.

필록세라

19세기 유럽에 필록세라가 창궐했을 때 유럽종은 미국종과의 이 접붙이기를 통해 병충해를 극복했다. 즉 유럽 포도나무는 미국종 수입으로 거의 빈사상태가 되었다가 다시 미국종에 의해 기사회생했다.

유럽 포도나무에는 미국종이 병 주고 약 준 바로 딱 그런 경우였다.

3) 우량 품종은 20여 종에 불과

유럽종의 하위 품종은 무수히 많지만 현재 널리 재배되는 건 40여 종이다. 이 가운데 우량와인을 생산하는 품종은 20여 개 정도다.

유럽종 우량 품종 가운데 레드 와인 품종으로는 까베르네 쏘비뇽(Cabernet Sauvignon), 삐노 누와르(Pinot Noir), 메를로(Merlot), 까베르네 프랑(Cabernet Franc), 시라(Syrah), 산지오베세(Sangiovese), 네비올로(Nebbiolo), 가메(Garmay), 그레나슈(Grenache), 말벡(Malbec) 등이 있다.

화이트 와인 품종으로는 리슬링(Riesling), 샤르도네(Chardonnay), 게뷔르츠트라미너(Geűrztraminer), 쏘비뇽 블랑(Sauvignon Blanc), 뮈스카(Muscat), 쎄미용(Semillon), 슈냉 블랑(Cenin Blanc) 등이 있다.

미국종으로는 캠벨 얼리(생식용), 콘코드(주스용) 등이 있다. 그리고 잡종으로는 시벨, 세이블 블랑 등이 있다.

삐노 누와르 까베르네 쇼비뇽 시라 메를로

샤르도네 리슬링

포도나무는 환경에 매우 민감하다. 기후, 습도, 태양광 등에 영향을 많이 받는다. 너무 춥거나 더운 곳, 강우량이 적거나 너무 많은 곳 등지에서는 포도가 제대로 자라지 못한다. 그래서 양조용 포도나무 재배는 그 지역이 한정되어 있다. 위도상으로 북반구에서는 지중해 연안에서 북위 50도 아래에서 가능하다.

남반구에서도 이와 비슷한 기후를 가진 지역에서만 재배가 가능하다. 강우량은 연간 500-800㎜ 사이가 적합하며, 특히 포도가 익는 시기에는 날씨가 건조해야 한다. 일조량은 연간 2,800시간 이상이 되어야 한다. 그리고 토질은 배수가 잘되는 자갈과 모래 등이 있는 척박한 땅이 좋다.

포도나무는 심은 지 3년째부터 열매를 맺고 수명은 약 40년이다. 20년까지가 성장기로 포도알이 왕성하게 열린다. 수령 20년이 넘으면 성숙기를 거쳐 쇠퇴기로 간다. 포도나무 한 그루에 평균 8kg 정도의 포도가 난다. 이를 양조할 경우 8병 정도(한 병 = 750㎖)의 와인을 빚을 수 있다. 즉 포도 약 1kg으로 와인 한 병을 만들 수 있다.

2. 와인 품질을 결정하는 세 가지 요인 - 포도 품질, 지역 특성, 떼루아르

와인의 품질을 좌우하는 세 가지 주요 요인이 있다. 포도 품질, 지역 특성, 그리고 떼루아르(Terroir)가 그것이다. 떼루아르는 재배지의 제반 자연환경 요인을 말한다. 포도 품질과 지역 특성은 굳이 설명하지 않아도 알 수 있는 것들이다. 요체는 떼루아르다.

떼루아르는 재배 지역의 토양(지표면), 하부 토양(뿌리 밑 토양), 기후, 포도밭의 위치 등 포도밭이 갖고 있는 자연적인 여러 요인을 모두 합쳐서 이르는 말이다. 와인은 품종에 따라 맛이 다르지만, 같은 품종이라도 기후, 토양 등 환경이 다르면 맛도 달라진다. 떼루아르가 다르면 와인 맛도 그만큼 달라진다는 얘기다.

그래서 와인을 선택할 때는 떼루아르를 반드시 고려해야 한다. 올드 월드(Old World) 와인과 뉴 월드(New World) 와인을 고를 때 떼루아르를 모르면 좋은 와인을 고르는 데 실패하기 쉽다.

예컨대 레드 와인 중에 유명한 품종인 까베르네 쏘비뇽의 경우 프랑스 보드도산과 미국 캘리포니아주 나파밸리(Napa Valley)산은 서로 맛과 향에서 상당한 차이를 보인다. 그 이유는 떼루아르가 다르기 때문이다. 품종은 같더라도 토양, 기후 등이 다르면 맛과 향이 달라진다.

떼루아르를 구체적으로 설명하자면 이러하다. 포도는 품종에 따라 각각 특정한 토양과 기후가 필요하다. A라는 포도 품종은 B라는 특정 지역에서 재배되어야만 자신의 고유한 맛과 향을 나타낼 수 있다. 그래서 도입된 개념이 떼루아르다. 떼루아르는 각각의 샤토(Château)를 다른 샤토와 구별하고 차별화해 주는 자연적인 요소 전부를 말한다.

토양의 성질이나 구조, 포도밭의 경사, 일조량, 강수량, 기온 등이 모두 포함되는 개념이 떼루아르다. 떼루아르는 한마디로 와인의 품질을 결정하는 핵심적 요소다. 프랑스의 AOC나 이탈리아의 DOCG 등 원산지를 통제하는 고급 와인의 경우 바로 이 떼루아르에 기초해서 해당 지역을 선정하고 관리한다.

떼루아르에서 가장 중요한 요소는 토양이다. 토양은 포도나무 뿌리가 살 수 있는 환경이며, 물과 영양을 공급해 주는 보급 루트다. 포도는 대체로 척박한 땅에서 재배된 것일수록 좋은 와인을 만든다.

척박한 땅에서 자란 포도나무는 뿌리를 더욱 깊고 넓게 펴서 하부 토양의 다양한 영양분을 섭취한다. 그래서 보다 많은 영양소를 열매에 보낸다. 비옥한 땅은 포도나무 가지를 지나치게 뻗치게 해 열매의 숙성을 오히려 방해한다.

토양 성분도 포도 품질을 결정하는 중요 요소다. 자갈이 많은지, 토질이 촘촘한지, 배수는 잘되는지, 바람은 잘 통하는지 등이 뿌리에 영향을 준다. 자갈이 많으면 틈이 생겨 뿌리가 지하 수십 미터까지 뻗어갈 수 있다.

프랑스 보르도 지방의 메독 지역은 토양에 모래와 자갈이 많기로 유명하다. 같은 보르도 지방이라도 뽀므롤 지역은 진흙과 촘촘한 석회질 토양으로 뿌리내리기가 쉽지 않다. 프랑스, 이탈리아의 토양은 편암, 석회질, 자갈, 모래 등의 충적물이 충분하고 화강암, 진흙 등 다양한 토양을 갖추고 있어 지역마다 개성 있는 와인이 생산된다.

최근에는 양조기술이 발전해 떼루아르의 영향력이 상대적으로 줄어들고 있다. 미국이나 호주, 칠레 등 신흥 와인 생산국들은 품종 개량이나 기후, 토양의 적응성

제고 등 다양하고 과학적인 방법으로 떼루아르의 상대적인 열세를 극복하기 위해 노력하고 있다. 그래도 프랑스, 이탈리아, 독일, 스페인, 포르투갈 등 정통 유럽산 와인이 우리에게 더 친숙한 건 무슨 이유 때문일까.

3. 와인의 분류

와인의 종류는 숫자로 셀 수 없을 만큼 많다. 생산 국가, 지역, 품종, 생산자, 생산 연도(Vintage) 등에 따라 제각기 다르기 때문이다. 여기에다 소비자들이 어떻게 와인을 보관하느냐에 따라 그 맛과 향, 색깔이 또 달라진다. 그만큼 와인의 종류는 역설적이긴 하지만 셀 수 없이 많다는 얘기다.

1) 색깔

가장 보편적인 분류 방법은 색깔로 나누는 방법이다. 색깔로 나누는 방법은 대체로 레드, 화이트, 로제 등 세 가지다.

레드 와인에는 자주색, 붉은 벽돌색, 루비색, 적갈색 등이 있다. 알코올 도수는 대개 12-14%로 화이트 와인보다 평균 2-3도 정도 높다. 레드 와인은 껍질째 발효시킨다. 껍질에는 색소와 탄닌 성분이 많이 함유돼 있다. 그래서 맛이 떫고 진하다.

화이트 와인에는 투명한 것에서부터 엷은 노란색, 연초록색, 볏짚색, 황금색, 호박색 등이 있다. 도수는 10-12%가 보통이다. 화이트 와인은 탄닌 성분이 거의 없어 맛이 상쾌하고 부드럽고 과일 향이 나는 특색이 있다.

로제 와인(Rosé Wine)에는 엷은 붉은 색, 분홍색 등이 있다. 레드 와인처럼 적포도를 원료로 하지만, 제조 과정에서 발효 초기나 중간에 껍질을 제거한다. 이 때문에 색깔은 레드와 화이트의 중간색인 핑크빛을 띤다. 그러나 맛은 화이트 와인에 더 가깝다.

한편 더운 지방에서 나는 와인은 색갈이 대체로 짙다. 그래서 칠레산이나 남아공산 와인은 색깔이 유럽산보다 상대적으로 진한 편이다.

2) 단맛 유무

와인을 단맛 유무에 따라 분류할 수도 있다. 단맛이 전혀 없으면 드라이(Dry), 약간 있는 건 미디엄 드라이(Medium dry), 단맛이 충분한 건 스위트(Sweet)다. 단맛은 과당이 완전 발효하지 않고 남아 있는 잔당(殘糖) 때문에 난다.

드라이 와인은 포도즙의 발효 과정에서 포도당이 모두 알코올로 변해 단맛이 거의 없다. 대개 레드 와인에 많이 사용되는 말이다. 드라이 와인은 대체로 식전이나 식사 중에 마신다. 프랑스, 이태리, 스페인 등 유럽산 레드 와인은 미국이나 칠레 등 뉴 월드 와인보다 드라이한 맛이 더 강하다.

미디엄 드라이 와인은 완전히 드라이하지는 않지만 스위트보다는 드라이한 맛에 더 가까운 와인이다.

스위트 와인은 포도즙의 발효 과정에서 포도당이 남아 있도록 하여 단맛이 나는 와인이다. 보통 식후에 디저트 와인으로 마신다.

레드 와인은 대부분 드라이한 맛을 낸다. 그리고 색깔이 짙을수록 드라이한 경향을 나타낸다. 화이트는 색깔이 엷을수록 드라이한 성향을 보인다. 참고로 독일 화이트 와인은 대부분 스위트다.

3) 와인의 무게(Body)

와인을 분류하는 또 다른 방법으로는 입안에서 느껴지는 무게가 어떠냐에 따라 분류하는 바디(body) 분류 방법이 있다. 즉 입안에서 감지되는 와인이 무겁게 느껴지느냐 가볍게 느껴지느냐에 따라 분류한다.

와인이 가볍고 경쾌하면 라이트 바디(Light-bodied), 그 중간이면 미디엄 바디(Medium-bodied), 입안을 무겁게 가득 채워 주는 듯한 느낌이 들면 풀 바디(Full-bodied) 와인으로 구분한다. 이처럼 라이트에서 풀로 갈수록 입안을 무겁게 채워 주는 듯한 느낌을 준다. 예컨대 보졸레 누보는 라이트 바디 와인이며 까베르네 쏘비뇽 와인은 풀 바디한 느낌을 준다. 까베르네 쏘비뇽 와인이 보졸레 누보보다 입안에서 더 묵직한 느낌을 준다.

일반적으로 와인의 알코올 도수가 높을수록, 그리고 맛과 향이 복잡할수록 풀 바디한 느낌을 준다. 또한 오래 숙성시켜 특유의 우아한 향과 부드러운 맛이 나는 와인은 풀 바디 스타일의 와인이다. 대부분의 레드 와인은 풀 바디하고, 화이트 와인은 미디엄 바디한 느낌이다.

음식과의 궁합에서도 풀 바디 와인은 짙은 소스가 곁들여지는 스테이크 요리 등에 알맞고, 라이트 바디 와인은 담백하고 가벼운 요리에 적합하다.

4) 식사 용도에 따라

식사 때 쓰이는 용도로 구분하기도 한다. 식사 전에 마시는 식전주(Apertif Wine), 식사 중에 마시는 테이블 와인(Table Wine), 식사 후에 마시는 식후주(Dessert Wine)가 있다.

식전주로는 드라이한 맛의 화이트 와인, 샴페인, 셰리(Sherry), 베르무트(Vermouth)

등을 주로 마신다. 식전주는 말 그대로 메인 요리에 앞서 입맛을 돋우기 위해 마시는 와인이다.

식사 중 와인은 식사하면서 마시는 와인을 말한다. 식사 메뉴가 무엇이냐에 따라 마시는 와인도 달라진다.

식후주는 식사를 마친 후 소화를 도와주고 입안을 개운하게 하기 위해 마신다. 그래서 소화를 도와준다는 의미의 프랑스어 '디제스티프(Digestif)'라고도 부른다. 단맛이 강한 화이트 와인을 주로 마신다. 독일의 아이스바인(Eiswein), 항가리 토카이(Tokaji), 포르투갈 포트(Port) 등이 적합하다. 또한 독일의 모젤이나 라인 가우 지방의 와인처럼 단맛이 비교적 강한 화이트 와인도 괜찮다.

5) 제조 방법에 따라

제조 방법에 따라 발포성(Sparkling) 와인, 주정강화(Fortified) 와인, 가향(Flavored) 와인으로 분류한다. 비발포성 와인, 즉 일반 와인은 스틸 와인(Still Wine)이라 부른다.

발포성 와인은 발효가 이미 끝난 와인을 병입한 뒤, 여기에 설탕과 효모를 넣어 병 속에서 2차 발효를 일으키게 한 와인이다. 이때 생긴 탄산가스가 와인 속에 용해되었다가 뚜껑을 열 때 거품 형태로 생겨나도록 한 와인이다. 프랑스 샹파뉴 지방에서 생산되는 샴페인, 이탈리아의 스푸만떼가 대표적인 발포성 와인이다. 샴페인은 프랑스 샹파뉴(Champagne)를 영어식으로 발음한 말이다. 그리고 모든 발포성 와인 중에 프랑스 샹파뉴 지방에서만 생산된 와인만을 샴페인이라고 한다. 나머지 모든 발포성 와인은 스파클링 와인이라 부른다. 유럽은 나라에 따라 부르는 이름이 각각 다르다. 예컨대 이탈리아는 스푸만떼(Spumante), 독일은 젝트(Sekt), 스페인은 카바(Cava) 등으로 부른다.

주정강화 와인은 발효 중이거나 발효가 끝난 와인에 증류주인 브랜디를 첨가해 알코올 함유량을 16-20% 정도로 높인 와인이다. 스페인의 셰리, 포르투갈의 포트 등이 대표적이다. 참고로 브랜디는 와인을 증류하여 40도 정도로 도수를 높인 과실 증류주를 말한다. 꼬냑과 알마냑이 대표적이다.

가향 와인은 와인 발효 전후에 과실즙이나 쑥 등 천연향을 첨가하여 향을 더 좋게 한 와인이다. 가향 와인의 대표로는 베르무트이며, 칵테일용으로 많이 쓰인다.

와인의 분류

▶ 색깔 - 레드 와인(Red Wine)
화이트 와인(White Wine)
로제 와인(Rosé Wine)

▶ 단맛의 정도 - 드라이 와인(Dry Wine)
미디엄 드라이 와인(Medium-dry Wine)
스위트 와인(Sweet Wine)

▶ 바디(Body) - 풀 바디 와인(Full-bodied Wine)
미디엄 바디드 와인(Medium-bodied Wine)
라이트 바디드 와인(Light-bodied Wine)

▶ 식사용도 - 식전용 와인(Aperitif Wine)
식사중 와인(Table Wine)
식후용 와인(Dessert Wine)

▶ 제조 방법 - 스파클링 와인(Sparkling Wine)
스틸 와인(Still Wine)
주정강화 와인(Fortified Wine)
가향 와인(Flavored Wine)

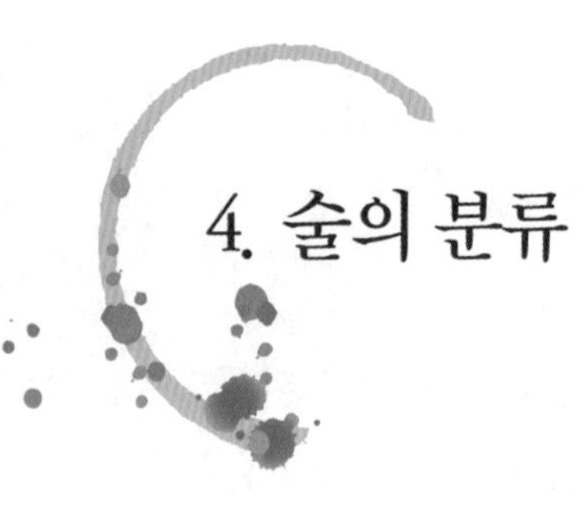

4. 술의 분류

일반적으로 술을 빚을 때는 제조 과정에서 물이 적절한 비율로 섞인다. 그렇다면 포도주를 담글 때는 물이 얼마나 들어갈까. 포도주에는 물이 한 방울도 들어가지 않는다.

포도를 수확해서 그 즙(주스)을 발효시킨 게 와인이고, 와인에 함유된 수분은 모두 포도나무 뿌리가 땅에서 끌어올린 자연의 물이다. 포도 열매는 무균의 순수한 물을 저장하는 물 저장소다.

포도알이 만든 자연의 물은 순수한 물이라 하더라도, 증류수하고는 그 성질이 완전히 다르다. 증류수는 물을 증류해 만든 순수한 물이다. 거기에는 어떠한 다른 성분도 용해돼 있지 않은 그야말로 물(H_2O) 성분밖에 없다. 그러나 포도나무 뿌리가 끌어올린 물은 순수한 물이지만 그 물에는 각종 미네랄이 들어 있는 생명의 물이다. 와인은 이처럼 세상에서 더 없이 깨끗하고 신선한 물을 저장한 포도알을 발효시켜 만든 이상적인 음료다.

와인 1병(750㎖)을 만드는 데 들어가는 포도는 대체로 1㎏이다. 와인 한 병을 마시면 포도 1㎏을 먹는 거나 같다. 1㎏의 포도를 으깨서 즙으로 만드는 과정에서 약 20%(200㎖)가 손실되고, 발효 및 숙성, 여과 과정에서 약 5%(50㎖)가 없어져 결국 750㎖의 와인 한 병이 생산된다.

여기서 우리는 와인이 과연 어떤 종류의 술인지 알 필요가 있다. 모든 술은 다음의 〈술 분류〉에 따라 분류할 수 있다. 술을 종류에 따라 분류해 본다.

1) 제조 방법

우선 제조 방법에 따라 발효주와 증류주로 구분한다. 발효주는 천연원료를 발효시켜 만드는 술이다. 이 발효주를 증류하여 알코올을 분리해내서 만드는 술이 증류주다. 즉 발효주는 발효한 그 상태로 마시는 술이며, 와인, 맥주, 과실주, 청주, 약주, 탁주 등이 이에 속한다.

증류주는 발효주를 다시 증류하여 알코올을 분리해 내어 제조한 술이다. 위스키, 코냑, 보드카, 진, 소주 등이 증류주다.

2) 발효주 원료에 의한 분류

발효주는 또 그 원료에 의해 곡주와 과실주로 분류된다. 곡주는 먼저 전분(澱粉)을 당화(糖化)시킨 후 이를 발효해 알코올을 얻는 술이다. 이에 속한 술은 맥주, 청주, 약주, 탁주 등이다.

과실주는 당액을 바로 발효시켜 알코올을 얻는 술로서 와인, 머루주, 사과주, 체리주 등이 있다. 기타 술로는 밀월주(꿀술), 약초주, 당밀주, 용설란주(데낄라) 등이 있다.

물을 섞지 않고 제조하는 술로는 와인 이외에 야자수 즙으로 만드는 야자주, 펄키주(Pulque, 멕시코 등 중남미에서 자라는 용설란의 일종인 마게이의 중심부를 도려내고 거기에 고이는 즙액을 발효시켜 만든 술), 말젖이나 양젖으로 만든 유주 등이 있다.

와인은 술 중에서 드물게 알칼리 성질을 갖고 있다. 또 와인에는 칼륨, 마그네슘,

칼슘, 나트륨, 철 등 인체를 알칼리성으로 유지케 해 주는 유용한 미네랄이 많아서 건강에도 유익하다. 그러나 아무리 좋은 것도 과하면 해롭듯이 와인도 마찬가지다. 와인은 하루에 두 잔(150㎖) 정도가 알맞다. 그 이상 마시면 간장에 손상을 입힐 수 있다.

또 곡주가 과실주보다 머리를 덜 아프게 한다. 이유는 곡주는 알코올 성분이 발효하면서 물 성분과 분자구조가 서로 잘 화합한다. 하지만 과실주는 곡주보다 물과 덜 화합하기 때문이다. 따라서 같은 양의 알코올을 마셨을 경우 과실주 주독(酒毒)이 곡주 주독보다 강하다. 부득이 술을 많이 마셔야 하는 술자리라면 과실주보다 곡주를 마시는 게 보다 현명한 방법이 될 수 있다.

술 분류

제조 방법에 의한 분류

발효주 - 발효한 그 상태로 마시는 술
와인, 맥주, 사과주, 청주, 약주, 탁주

증류주 - 증류하여 알코올을 분리해내어 제조한 술
위스키, 코냑, 보드카, 진, 소주

발효주의 원료에 의한 분류

곡주 - - 전분을 먼저 당화시킨 후 이를 발효해 알코올을 얻는 술
맥주, 청주, 약주, 탁주

과실주 - 당액을 바로 발효시켜 알코올을 얻는 술
와인, 머루주, 사과주, 체리주

기타 - 밀월주(꿀술), 약초주, 당밀주, 용설란주

4장

와인 선택

1. 와인 선택

와인 선택은 만남의 성격과 참석자들의 취향을 고려하는 것이 일반적이다. 이럴 때 발휘되는 게 호스트의 개성과 와인에 관한 지식이다. 분위기에 맞는 와인을 선택하되 그의 개성이 묻어나는 와인을 찾아야 한다. 예를 들면 와인을 즐기는 외국인 남성과 자리를 같이 한다면, 그의 취향은 거의 틀림없이 묵직하면서도 깊은 맛의 레드 와인을 찾을 것이다. 이럴 때 호스트는 까베르네 쏘비뇽(Cabernet Sauvignon) 품종으로 만든 프랑스 보르도(Bordeaux) 와인이나 부르고뉴(Bourgogne) 와인을 선택하면 분명 그는 좋아할 것이다. 대화도 수월하게 이뤄진다.

여성과 같이하는 자리라면 그리고 그녀가 와인에 상당한 식견이 있고 화이트 와인을 좋아한다면, 호스트는 부르고뉴산 샤르도네(Chardonnay) 품종의 샤블리(Chablis) 와인을 택하면 찬사를 받는다. 샤블리 와인은 드라이 화이트 와인으로 약간 신맛이 나면서도 깔끔해 와인 애호가들에게 인기 있는 와인이다. 그녀가 와인 초보자라면 독일 모젤(Mosel-Saar-Ruwer) 지방의 화이트 와인 또는 라인가우(Rheingau)와 라인헤센(Rheinhessen) 지방에서 나는 화이트 와인을 선택하는 것이 바람직하다. 이런 와인은 미디엄 스위트 와인으로 초보자들도 금방 친숙해질 수 있는 와인이다.

와인 초보자는 스위트 화이트 와인(sweet white wine)으로 시작하는 것이 좋다. 처음부터 풀 바디(full-bodied)한 묵직한 레드 와인으로 출발하면 그 떫은맛에 식상하기 쉽다. 이렇게 되면 와인 입문에 실패한다.

효과적인 와인 선택은 대화의 품격을 높일 뿐 아니라 대화의 효과도 극대화할 수 있다. 또한 호스트의 품격과 와인에 대한 식견도 아울러 인정받는다. 요즘은 웬만한 사람들도 와인 선택에 대해 상당한 식견을 갖추어야 하는 시대다. 칭송받는 와인 선택을 하기 위해 필요한 조치들을 알아본다.

2. 품종에 따른 와인 성격

와인마다 개성이 있다. 맛과 향도 다르다. 와인 애호가가 되려면 와인의 다양한 요소들을 자기 것으로 받아들여야 한다. 그런데 이 다양성을 완전히 소화하기가 쉽지 않다. 와인의 맛과 개성을 결정하는 요소들이 너무 많기 때문이다. 떼루아르(terroir), 품종, 빈티지, 양조방식 등 주요 결정 요소들이 줄줄이 기다리고 있다. 이들 요소를 충분히 이해해야 비로소 와인에 눈뜨게 된다.

와인을 알고자 한다면 와인의 원료가 되는 품종에 대한 지식부터 길러야 한다. 사람들의 개성이 모두 다르듯이 포도 품종도 그 개성이 모두 다르다. 어떤 품종은 맛이 강하고, 또 어떤 품종은 실크처럼 부드럽다.

수많은 포도 품종을 다 알기는 힘들다. 더구나 와인을 마셔서 그 맛을 안다고 해도 200여 종에 달하는 품종을 모두 알아내기는 더욱 힘들다. 전혀 방법이 없는 건 아니다. 노블 버라이어티(Noble Variety)라고 하는 대표 품종이 있기 때문이다. 이 대표 품종 중에서 반드시 알아야 할 핵심 품종은 레드 와인 5개 품종, 화이트 와인 3개 품종이다. 레드 와인 5개 품종은 까베르네 쏘비뇽(Cabernet Sauvignon), 삐노 누와르(Pinot Noir), 메를로(Merlot), 시라(Syrah), 까베르네 프랑(Cabernet Franc)이다. 화이트 와인 3개 품종은 샤르도네(Chardonnay), 쏘비뇽 블랑(Sauvignon Blanc), 리슬링(Riesling)이다. 이들의 개성을 알아본다.

1) 레드 와인

(1) 까베르네 쏘비뇽(Cabernet Sauvignon) - 카리스마 황제의 품종

까베르네 쏘비뇽

와인 애호가라면 까베르네 쏘비뇽을 모르고는 얘기할 수 없다. 이 품종은 탄닌을 바탕으로 중후하고 강한 맛을 내는 개성 만점의 품종이다. 쏘비뇽 와인은 숙성하면 매우 부드럽고 깊은 맛을 낸다. 카리스마를 가진 점잖고 멋진 초로(初老)의 남성을 연상케 한다. 개성이 강하면서도 건장하고 기품이 있는 장년 남성의 멋을 풍긴다.

까베르네 쏘비뇽 와인은 초기의 영 와인 상태에서는 떫고 쓴 맛이어서 입안을 바짝 조이는 듯한 느낌을 준다. 그러나 5-20년 정도 오랫동안 숙성하면 실크처럼 부드럽고 깊은 맛을 낸다. 떫은맛은 부드럽고 쌉쌀한 맛으로 변해 있다. 이 맛은 경험하지 않은 사람은 모른다. 초기의 날카롭고 떫은 와인이 입안을 감싸는 듯한 부드럽고 우아한 맛으로 변신한다.

황제 품종인 까베르네 쏘비뇽은 레드 와인의 본고장인 프랑스 보르도 지방을 대표하는 메독(Médoc) 지구에서 주로 재배되고 생산된다. 우리가 흔히 알고 있는 메독 레드 와인이 바로 이 와인이다. 이 품종은 세계 어디서나 재배되고, 지역에 따른 맛 차이는 그리 크게 나지 않는다. 오랜 기간(5-20년)의 숙성 기간을 거치면 탄닌(Tannin)이 부드러워지고 깊은 맛이 난다. 그리고 꽃향기(Aroma & Bouquet)가 풍부한 균형 잡힌 와인이 된다.

(2) 삐노 누와르(Pinot Noir) - 까다롭지만 분위기 있는 귀족 와인

삐노 누와르

중고등학교 다닐 때 공부 잘하고 제법 성깔 있는 친구가 주변에 있었을 것이다. 일단 친하게 되면 그는 누구보다 멋있고 괜찮은 친구로 변한다. 삐노 누와르가 바로 이런 친구를 닮은 품종이다.

부르고뉴 최고급 레드 와인을 만드는 데 쓰이고, 샹파뉴(Champagne)에서는 최상급 샴페인을 만드는 데 이용된다. 세계에서 제일 비싸다는 로마네 꽁띠(Romanée Conti) 와인이 삐노 누와르 품종으로 만든다.

이 품종은 까다로워서 아무 데서나 잘 자라지 않는다. 특히 미국 와인 생산자들이 현지 재배를 시도했지만, 성공한 경우는 극소수에 불과했다. 삐노 누와르는 이 품종에 맞는 토양과 기후, 그리고 재배자의 각별한 노력이 한데 어울려 조화를 이루지 않는 한 결실을 맺기 어렵다. 하늘(天)과 땅(地), 사람(人)의 삼각 조화가 절묘하게 맞아떨어져야 한다. 그래서 일단 성공하기만 하면 충분히 보답받을 수 있다. 돈을 많이 벌 수 있다는 얘기다.

(3) 메를로(Merlot) - 온화한 덕장(德將)의 와인

메를로

메를로는 누구에게나 친근감을 주는 푸근한 인상의 와인이다. 기업이나 조직을 이끌다 보면 카리스마만 가지고는 부족할 때가 있다. 특히 요즘처럼 조직 구성원 개개인의 개성과 능력이 중시되는 시대에는 카리스마보다는 부드러움이 더 효과적일 수 있다. 용장(勇將)보다는 덕장이 더 요구되는 시대다. 메를로 와인은 바로 이런 덕장 모습의 와인이다.

맛이 부드러워 한번 맛본 사람은 계속 찾는다. 온화함과 부드러움, 그리고 여유로움이 이 품종의 장점이다. 프랑스 보르도의 쌩떼밀리옹(Saint-Emillion)과 뽀므롤(Pomerol) 지방에서 주로 재배된다. 미국 캘리포니아에서도 생산된다. 산출량이 많아 경제성이 높고, 자두, 장미, 과일 케이크 맛이 풍부하게 난다.

(4) 시라(Syrah) - 묵직한 남성 와인

시라

탄닌이 많아 묵직하면서도 남성적인 개성이 강한 와인이다. 장기 숙성이 가능해 맛과 향이 다양하고 강하다. 숙성을 거치면서 후추 향(spicy)과 동물 향이 난다. 이런 향 때문에 시라 품종 와인은 자극성이 강하고 맵고 짠 김치찌개 등 우리나라 음식에도 잘 어울린다.

프랑스의 꼬뜨 드 론(Côte du Rhône) 북부 지방에서 주로 재배된다, 시라는 호주에서 가장 많이 재배되며, 그곳에서는 쉬라즈(Shiraz)라고 불린다.

(5) 까베르네 프랑(Cabernet Franc) - 세련되고 후덕한 신사의 와인

까베르네 프랑

온화하고 깊은 맛이 나는 까베르네 프랑은 숙성하면서 풀냄새와 잘 어울리는 은은한 흙냄새가 난다. 그래서인지 세련된 멋과 후덕한 품격을 가진 신사의 느낌을 주는 와인이다. 숙성 기간은 까베르네 쏘비뇽보다 짧다. 탄닌 함량과 산도도 까베르네 쏘비뇽보다 낮다. 프랑스 남서부 지방과 쌩떼밀리옹, 루아르(Loire) 등지에서 재배된다.

레드 와인 주요 품종

핵심 품종	- 까베르네 쏘비뇽 : 카리스마 황제의 품종 - 삐노 누와르 : 까다롭지만 분위기 있는 귀족품종 - 메를로 : 온화한 덕장의 와인 품종 - 시라 : 묵직한 남성 와인 - 까베르네 프랑 : 맘씨 좋은 시골 아저씨 풍 와인
기타 주요 품종	- 산지오베세 : 이태리를 연상케 하는 가볍고 힘찬 와인 - 가메 : 보졸레 누보를 만드는 품종. 과일 향이 풍부하고 부드러운 와인 - 그르나슈 : 프랑스 남부와 스페인에서 재배되는 깊은 맛의 와인 - 진판델 : 미국 캘리포니아 토착종. 독특한 품종으로서 강한 향취가 난다. 레드, 화이트, 블러시 와인(Blush Wine)에 모두 쓰인다. - 말벡 : 강렬하고 짙은 색조에 입안을 가득 채우는 무게감을 가진 와인 - 사페라비 : 조지아 등 코카사스에서 주로 재배되는 깊고 부드러운 와인

2) 화이트 와인

(1) 샤르도네(Chardonnay) - 기품 있는 화이트 와인의 여왕

샤르도네는 단연 화이트 와인품종의 여왕이다. 까베르네 쏘비뇽이 레드 와인의 황제라면 샤르도네는 화이트 와인의 여왕이다. 은은한 노란 빛을 지닌 고급스러운 이 와인은 언제나 기품과 우아함을 드러낸다.

샤르도네로 만든 가장 유명한 화이트 와인은 프랑스 부르고뉴 지방의 샤블리에서 생산되는 샤블리 와인이다. 드라이한 샤블리 와인은 특유의 향과 맛을 가지고 있다. 숙성 기간이 길어 병 속에서 10년 이상 보관해야 숙성된 맛을 즐길 수 있다. 그래서 병입한 지 얼마 되지 않은 영 와인일 때는 맛이 텁텁하고 날카롭다. 그러다가 숙성하면서 부드러워진다.

샤르도네

(2) 쏘비뇽 블랑(Sauvignon Blanc) - 개성 강한 발랄한 소녀 같은 와인

쏘비뇽 블랑은 화이트 와인 품종 중 개성이 가장 강하다. 샤르도네 와인을 이상적인 맛이라고 한다면, 쏘비뇽 블랑 와인은 독특한 향의 인상적인 맛이다. 허브, 올리브, 풀 냄새가 혼합된 듯한 향을 드러낸다. 그래서 쏘비뇽 블랑 와인은 마치 개성이 강한 20대 초반의 발랄한 소녀 같은 이미지를 나타낸다.

쏘비뇽 블랑

산도가 있는 드라이하고 섬세한 맛을 내는 쏘비뇽 블랑은 가볍고 개성 있는 와인으로 사랑받는다. 영 와인일 때 마시면 신선하고 강한 맛을 더 느낄 수 있다. 프랑스 보르도의 그라브와 쏘테른, 루아르 지역에서 많이 재배된다.

(3) 리슬링(Riesling) - 귀엽고 천진무구한 소녀의 와인

리슬링

리슬링은 귀엽고 예쁜 소녀 같은 와인이다. 화사한 웃음의 천진무구한 소녀 얼굴을 한 와인이 리슬링 화이트 와인이다. 상큼하고 신선한 향이 독특하다. 드라이한 것에서부터 단맛이 풍부한 와인까지 다양한 타입의 와인을 만들 수 있다. 꽃과 과일 향이 잘 어우러진 리슬링 와인은 부드럽고 섬세한 맛이 특징이다. 그래서 초보자들도 쉽게 친숙할 수 있는 와인이다.

독일 모젤 지방과 프랑스 알자스 지방의 대표 품종이다. 미국이나 호주 등지에서도 그런대로 잘 재배된다.

화이트 와인 주요 품종

핵심 품종	- 샤르도네 : 기품 있는 화이트 와인의 여왕 - 쏘비뇽 블랑 : 개성 강한 발랄한 소녀 같은 와인 - 리슬링 : 귀엽고 천진무구한 소녀의 와인
기타 주요 품종	- 쎄미용 : 세계 최고의 스위트 와인인 귀부와인 품종 - 알리고떼 : 부르고뉴와 불가리아에서 고급 와인을 만드는 껍질이 얇은 품종 - 슈냉 블랑 : 신선하고 멜론향이 나는 투명한 와인 - 게뷔르츠트라미너 : 개성이 강한 독일이 원산지인 품종

3. 와인 라벨 읽기

와인에도 자신의 출신 내력에 관한 정보가 필요하다. 그런 정보를 담은 와인 이력서가 바로 라벨(Label)이다. 라벨을 제대로 읽을 줄 알면 맛을 보지 않고도 그 와인이 어떤 와인인지 대충 알아낼 수 있다. 와인 만남에서 와인 라벨을 보고 그 상황에 잘 어울리는 와인을 콕 집어내면 찬사를 받는다.

라벨 식별이 좀 어려운 이유 중의 하나는 라벨 내용이 복잡하고 어려운 데 있다. 와인 라벨은 나라별로 각기 다른 기준으로 표기하고 있어 약간은 복잡하다. 그러나 라벨 내용은 와인에 어느 정도 지식을 가진 사람이면 충분히 알아낼 수 있는 내용이다. 그러므로 이제부터 라벨 내용을 정리하는 데 필요한 기본 지식을 요약해 알아본다.

라벨 내용에 대한 기본 사항은 대체로 다음의 6가지로 요약된다.

1. 포도의 생산연도(Vintage)
2. 포도 품종(프랑스, 이탈리아, 스페인, 포르투갈 등 유럽 국가는 품종을 표기하지 않는다.)
3. 포도 재배 나라와 지역
4. 와인 이름
5. 와인 등급

6. 와인 생산 회사

라벨을 자세히 보면 위의 6가지 사항이 모두 또는 일부가 표기돼 있다. 여기에 알코올 도수와 용량도 기재돼 있다. 좀 더 자세히 살펴보면 프랑스, 독일, 이태리 등 올드 월드(Old World) 와인과 미국, 호주, 칠레 등 뉴 월드(New World) 와인의 라벨 내용이 서로 다름을 알 수 있다.

차이점은 뉴 월드 와인 라벨이 올드 월드 와인 라벨보다 간명하게 기재돼 있다는 점이다. 예를 들자면 뉴 월드 와인 라벨에는 품종명이 표기돼 있는데, 올드 월드 와인 라벨에는 품종명이 거의 없다. 대신 올드 월드 라벨에는 와인 생산자명이나 생산 지역 등이 주로 표시돼 있다. 라벨 표기에서 올드 월드는 떼루아르를, 뉴 월드는 품종을 강조하는 성향을 나타내고 있다.

뉴 월드 와인 라벨은 품종 표시가 최대 강점이다. 왜냐면 품종명 기재로 소비자가 그 와인의 맛을 쉽게 연상하고 선택할 수 있기 때문이다. 뉴 월드와 올드 월드 라벨의 이런 차이점은 뉴 월드는 실용성을 추구하고, 올드 월드는 전통을 고수하는 데에 기인한다. 그러나 어느 방식이 더 낫거나 나쁘다고 말할 수 없다.

올드 월드 얘기부터 알아보자. 유럽은 오랜 와인 전통과 역사를 지닌 지역이다. 이런 전통의 나라에서 품종 이름을 기재하지 않는 데는 충분한 이유가 있다. 올드 월드, 특히 프랑스 보르도 지방은 와인을 만들 때 2-3가지 품종을 블렌딩해서 만든다. 그래서 여러 품종을 라벨에 다 기입하기가 마땅치 않아서 표기하지 않는다. 부르고뉴 지방 등지에서는 한 품종으로 와인을 빚기는 한다. 그런데 부르고뉴 지방에서도 품종을 표기하지 않는 게 일반적이다. 왜냐면 품종 하나만으로 그 와인의 맛과 품질을 몽땅 평가받는 것이 뭔가 불만스럽고 부족하다고 여기기 때문이다.

올드 월드는 품종보다는 오랜 전통과 그 전통을 고수해 온 양조기술과 생산자, 그리고 생산 지역이 더 중요하다는 시각을 갖고 있다. 그들은 와인의 맛과 품질은 기후(天), 떼루아르(地), 인간의 노력(人)이 절묘한 조화와 균형을 이루는 데서 결정된다고 본다. 그래서 그들은 품종 표기를 그리 중요하게 생각하지 않는다.

이에 비해 뉴 월드에서는 대부분 단일 품종으로 와인을 병입하므로 라벨에 품종 이름을 표기한다. 이처럼 올드 월드 와인 생산 국가는 전통을 고수하고, 뉴 월드 와인 생산 국가는 실용성을 추구한다. 그것을 소비자가 콩 놔라 팥 놔라 하고 간섭할 수는 없다. 그들이 표기 방식을 바꾸지 않는 한, 소비자는 어쩔 수 없이 그들의 라벨 표기 방식을 스스로 습득하는 것 말고는 다른 방법이 없다.

1) 프랑스 와인 라벨 읽기

프랑스 와인은 라벨에 Grand Vin, Grand Cru, Vin de Table, Vin de Pays 등의 품질 등급과 AOC(원산지 명칭 통제)와 같은 생산 지역, 알코올 함유량, 용량, 생산자명 등이 표시된다. 그리고 생산자 임의로 와인 색깔, 당도, 포도 품종, 병입 장소, 양조 유형이 표시되기도 한다.

라벨 표시 방식은 크게 보르도 와인과 부르고뉴 와인으로 구분된다. 차이점은 보르도 와인은 생산자명(와인 회사 이름)을 가장 큰 글씨로 표기하고, 부르고뉴 와인은 포도 재배 지역을 가장 크게 표기한다는 점이다. 루아르, 꼬뜨 도르 등 프랑스의 다른 와인 생산 지역도 대개 부르고뉴 와인 라벨 표기 방법을 따르고 있다.

(1) 보르도 지역

보르도 와인 라벨에는 와인 회사 이름이 가장 크게 표기된다. 이 그림에서 나오는 'GRAND VIN de CHATEAU LATOUR'가 바로 이런 예다. 보르도의 또 다른 유명 와이너리인 샤토 마르고 역시 라벨에 'Château Margaux'라는 회사 이름을 가장 큰 글씨로 표기한다. 이처럼 보르도의 거의 모든 와이너리는 회사명을 라벨에 가장 큰 글씨로 표시한다.

보르도 라벨에서 두 번째로 크게 표기되는 게 AOC 지역명이다. 위 그림을 보면 샤토 라투르 밑에 'PAUILLAC(뽀이약)'이라는 마을 이름이 표기돼 있다. 그래서 보르도 와인 라벨에는 생산자 밑에 Pauillac, Médoc, Graves, Saint-Emillion 등 지역 명칭이 나온다.

AOC 지역명에는 3가지의 표기법이 있다. 와인 등급이 고급일수록 지역명이 좁아지고, 등급이 낮을수록 넓어진다. 예를 들면 다음과 같다.

· 지역명 표시 와인 Appellation Bordeaux Contrôllée - 지역명 표시 일반 와인

· 지구명 표시 와인 Appellation Médoc Contrôllée - 지구명 표시 와인

· 마을명 표시 와인 Appellation Margaux Contrôllée - 마을명 표시 와인

AOC 표시 와인 중에 등급이 가장 높은 와인은 마을 이름을 표기한 Appellation Margaux Contrôllée 와인이다. 등급이 가장 낮은 와인은 지역이 가장 넓은 Appellation Bordeaux Contrôllée 와인이다. 즉 지역이 좁을수록 등급은 높아지고, 지역이 넓을수록 등급은 낮아진다.

포도 수확 연도(Vintage)는 어떤 와인이든 간에 반드시 라벨에 표기된다. 빈티지는 이 와인이 어느 해에 생산된 포도로 양조한 와인인지를 알려 준다. 그림에 표기된 1989는 이 와인이 1989년 수확한 포도로 만든 와인임을 말해 준다.

AOC - 엄격한 품질관리가 오늘의 명성을 유지

와인의 품질이 옛날부터 항상 좋았던 건 아니다. 양조기술, 관리, 보관 등 여러 가지 면에서 부실했던 옛날에는 와인 품질이 안정되지 않아서 품질 좋은 와인을 구하기가 힘들었다. 와인이 오늘날처럼 좋은 품질로 명성을 얻게 된 데는 '원산지 명칭 통제(AOC)'라는 엄격한 원산지 품질관리 제도가 큰 역할을 했다. 프랑스는 정부 차원에서 1935년 원산지 명칭 통제제도를 도입, 포도 재배와 와인 양조과정을 엄격하게 규제함으로써 우수한 품질의 와인을 생산토록 유도했다.

이 와인 관리제도가 AOC(Appellation d'Orgine Contrôlèe)이다. 아펠라시옹은 명칭이고, 도리진은 원산지, 꽁뜨롤레는 통제를 의미한다. 직역하면 '원산지 명칭 통제'이다. 즉 원산지별로 엄격한 와인 생산 조건을 미리 규정해 놓고 이 조건에 충족되어야만 AOC 라벨을 붙일 수 있도록 하는 제도다. 그 이후 독일, 스페인, 이태리 등 다른 나라들이 이 제도를 도입하여 품질관리 정책을 시행하고 있다.

(2) 부르고뉴 지역

부르고뉴 와인 라벨에는 포도원과 마을 이름이 가장 크게 표기된다. 프랑스의 다른 지역에서 생산되는 와인도 대부분 부르고뉴 방식을 따르고 있다. 아래 라벨 그림을 보면 ① 'ROMANÉE-CONTI'라는 포도원 이름이 가장 크게 표기돼 있다.

이 와인을 생산하는 'DOMAINE DE LA ROMANÉE-CONTI'라는 회사명은 재배 지역 위에 표시돼 있다. 지역명 아래에 등급을 나타내는 ② 'APPELLATION ROMANÉE-CONTI CONTROLÉE'가 있다. 맨 아래에 포도 수확 연도(vintage)인 ⑤ 2004가 기재돼 있다. ⑥ 'Mise en bouteille au domaine'은 로마네 꽁띠 와이너리에서 직접 병입했음을 말해 주고 있다.

부르고뉴 와인 등급에는 포도밭 토양과 성질, 토지의 경사도 등을 종합 평가해 3단계로 나눈다.

· 빌라쥬 와인(Village Wine) - 지정 마을을 라벨에 표기한다.

· 프리미에 크뤼(Premier Cru) - 1급으로 지정된 포도원에서 생산되는 와인. 라벨에는 재배지명을 먼저 표기하고 그다음에 포도원 이름을 표시한다.

· 그랑 크뤼(Grand Cru) - 최고급 포도원에서 생산되는 와인으로 부르고뉴 와인의 최고 등급이다. 라벨에는 마을 이름은 표기하지 않고 포도원 이름만 표기한다. 그림의 로마네 꽁띠는 바로 이 그랑 크뤼급 와인임을 의미한다.

2) 독일 와인 라벨 읽기

독일 와인 라벨에는 포도 재배 지역(Mosel-Saar-Ruwer)이나 양조장 이름(fRITZ HAAG)이 크게 표시된다. 다음으로 포도 품종명(Riesling)과 와인 등급(Spätlese)

과 마을 이름(Brauneberger Juffer-Sonnenuhr)이 표기된다. 참고로 우리나라에서 인기 있는 카비네트 등급 와인은 독일 와인의 최고 품질(QMP) 6등급 가운데 맨 아래인 제6등급이다.

위 라벨에서 위로부터 아래도 표기된 주요 정보를 살펴본다.

1. 생산지명, MOSEL SAAR RUWER
2. 생산자명(와이너리), FRITZ HAAG
3. 빈티지(포도 수확 연도), 1996
4. 마을 이름, Brauneberger Juffer-Sonnenuhr
5. 품종과 QMP 등급, Riesling, Spätlese

3) 이탈리아 와인 라벨 읽기

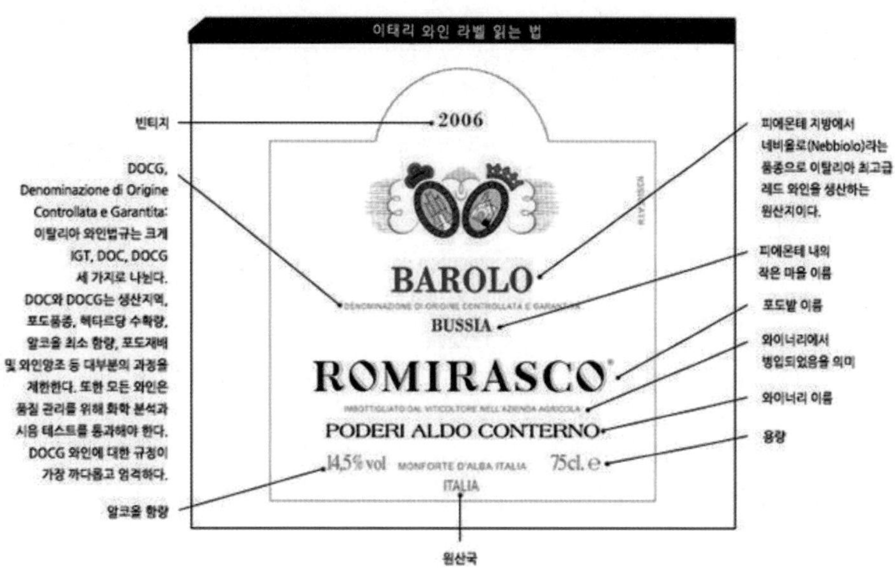

이탈리아 와인 라벨에는 와이너리 이름이 가장 크게 표기된다. 위 그림에서 'ROMIRASCO'가 포도밭 이름이다. 그 다음 크게 나오는 게 포도 재배 지역 이름이다. 붉은 글씨의 'BAROLO'가 그것이다. 그리고 'BAROLO' 밑에 있는 'BUSSIA'는 이 와인 생산되는 작은 마을 이름이다. 와이너리 이름은 'PODERI ALDO CONTERNO'이다.

4) 미국 와인 라벨 읽기

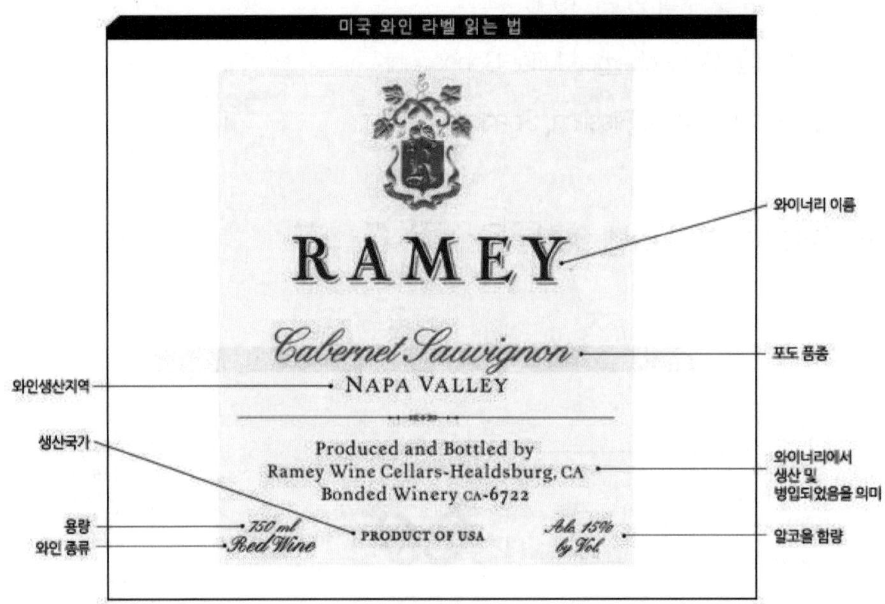

미국 와인 라벨 표기법은 비교적 간단하다. 회사명(RAMEY)이 가장 크게 표기되고 그다음은 품종명(cabernet sauvignon)이다. 와인 생산 지역인 'NAPA VALLEY'도 크게 취급된다. 칠레, 호주, 남아공 등 뉴 월드 라벨 표기법은 미국과 비슷하다.

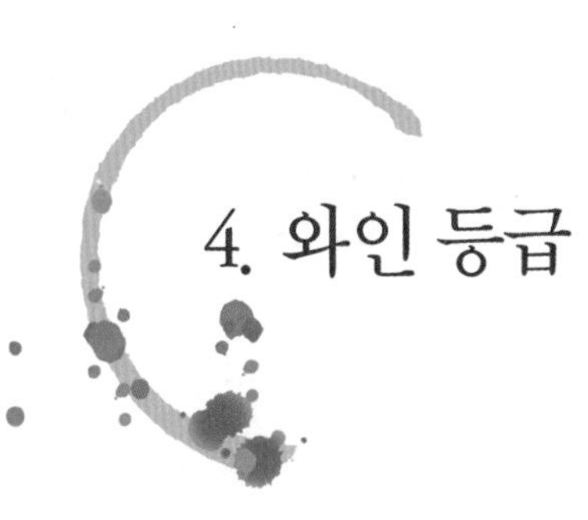

4. 와인 등급

와인 품질을 높이기 위해 모든 와이너리는 남다른 투자와 노력을 기울인다. 이런 노력은 와인 품질을 향상하고 상품 경쟁력을 높이려는 데도 그 목적이 있다. 와인 애호가들에게는 와인 등급의 판별이 뜻있는 와인 만남을 위해 필요한 사전 준비 사항이다. 고급 와인을 주문하려 했는데 주문하고 보니 싸구려 와인이었다면 낭패감이 적지 않다. 귀한 손님이나 고객과 함께했을 경우 그 자리에 맞는 와인을 선택하는 게 중요하다. 그러므로 각국의 와인 등급을 숙지해서 언제 어디서든 그 자리에 맞는 와인을 선택하는 것이 좋다.

와인의 품질 향상을 위해 유럽 각국은 엄격한 품질 등급을 정하고 이를 법률로 시행하고 있다. 대표적인 것이 프랑스의 AOC 품질 등급제도다. 독일, 이탈리아, 스페인, 포르투갈 등 유럽 주요 와인 생산국들도 와인 등급제도를 실시하고 있다. 각 나라의 등급제도를 살펴본다.

유럽 국가 와인 등급

	프랑스	독일	이탈리아	스페인	포르투갈
최상급	AOC	QmP	DOCG	DOC	DOC
상급	AOVDQS	QbA	DOC	DO	IPR
중급	VDP	Landwein	IGT	VCIG	Vinhos Regionals

하급	VDT	Deutcher Tafelwein	VdT	Vino de Mesa	Vino de Mesa

* AOC = Appellation d'Origine Contrôllée 원산지 명칭 통제 와인
* AOVDQS = Appellation d'Origine Vin Dèlimité de Qualité Supérieure 우수 품질제한 와인
* VDP = Vin de Pays 지방 와인
* VDT = Vin de Table 테이블 와인

* QmP = Qualitätswein mit Prädikat 고당도 품질 와인
* QbA = Qualitätswein bestimmter Anbaugebiete 상급 와인
* Landwein = 품종과 산지를 명확히 표기한 와인
* Deutcher Tafelwein = 독일산 포도만을 사용한 테이블 와인

* DOCG = Denominazione de Origine Controllata e Garantica 원산지 명칭 통제 보증
* DOC = Denominazione de Origine Controllata 이탈리아 원산지 명칭 통제 와인
* IGT = Indicazione Geografica Tipica 생산지명 또는 품종 표시 와인
* VdT = Vino da Tavola 저가 와인

* DOC = Vinos con Denominaciónes de Origen Calificada 스페인 최고급 등급 와인
* DO = Vinos con Denominaciónes de Origen 고급 와인
* VCIG = Vinos de Calidad con Indicación Geográfica 산지명 표시 와인
* Vino de Mesa 일반 테이블 와인

* DOC = Denominaçao de Origem Controlada 포르투갈 원산지 통제 명칭 와인
* IPR = Indicação de Proveniência Regulmentada 고급 등급 와인
* Vinhos Regionals 산지명 표시 테이블 와인
* Vinhos de Mesa 원산지 비표시 저급 와인

1) 프랑스

AOC 와인은 라벨에 반드시 'Appellation d'Origine Contrôllée(원산지 명칭 통제)'라는 문구가 표기돼 있다. 중요한 것은 이 AOC 와인이 어느 정도의 품질인가를 식별하는 일이다. 만약 Appellation Bordeaux Contrôllée라고 돼 있다면 이 와인은 AOC급 와인 중에 품질이 가장 낮은 와인이라는 의미다. 원산지명에 보르도가 들

어가 있다면, 이 와인은 보르도 지방의 와인 제조 규정에 따라 제조되었다는 의미다. '원산지명'에 들어가는 지명이 크면 클수록 와인 품질은 낮고, 작으면 작을수록 와인 등급은 높다.

예를 들어 원산지명에 보르도(Bordeaux), 메독(Médoc), 뽀이약(Pauillac) 등 지명이 각각 기재돼 있는 세 개의 와인이 있다면, 보르도보다는 메독, 메독보다는 뽀이약이 더 높은 품질 와인이다. 이유는 지역이 작을수록 더 까다로운 규정을 충족시켜야 하므로 더 넓은 지역의 와인보다 품질이 높기 때문이다. 그래서 보르도 와인의 품질에는 보르도 〉 메독 〉 뽀이약이라는 공식이 성립한다.

그러나 AOC제도에도 문제가 없는 건 아니다. 우선 AOC가 세계적인 인정을 받게 되자 프랑스 AOC 와인이 크게 늘어난 점이다. 그래서 이제는 프랑스 전체 와인 생산의 45%를 차지하고 있다. 이 대량 생산이 AOC 와인의 질을 떨어뜨리는 잠재요인으로 작용한다. 한 때는 품질 보증서 역할을 했던 AOC가 이제는 단순히 원산지명을 확인하는 수준으로 그 품위가 떨어진 것도 부인할 수 없는 현실이다.

더구나 AOC 규제가 오히려 와인 산업의 발전을 저해하는 요인으로도 작용할 수 있다. 이탈리아나 독일, 스페인 등은 프랑스 와인을 따라잡으려 부지런히 품질 경쟁력을 높이고 있다. 그런데 프랑스 와인 양조업자들은 정부의 엄격한 AOC 규제로 제약받아 새로운 재배방식, 양조기술 등을 개발하는데 적지 않은 어려움을 겪고 있다고 한다. 지나친 법 시행이 자칫 프랑스 와인 산업을 위축시킬 수도 있음은 유의해서 볼 만하다.

2) 독일

독일은 북위 50도를 전후한 북쪽에 위치하고 있어 날씨도 춥고 햇빛도 부족하다. 독일은 좋은 와인을 생산하는 데 최적 조건을 갖춘 곳이 아니다. 독일에서 재배되는 포도는 당분 함량이 적고 산도가 높다. 그럼에도 독일은 세계적으로 유명한 스위트 화이트 와인을 생산하고 있다. 왜 그럴까.

몇 가지 이유가 있다. 우선 독일 포도밭은 남향의 경사 높은 강 언덕에 주로 자리잡고 있다. 강에서 반사되는 태양열을 받아 포도밭 온도를 더 높이기 위해서다. 또한 추위에 강한 품종을 개발하고, 포도가 잘 익도록 수확시기를 가급적 늦춘다. 이렇게 해서 세상에 처음 나온 스위트 와인이 슈패트레제(Spätlese)다. 독일 사람들은 스위트 와인 만드는 데 계속 노력했다. 결국 환상적인 단맛을 내는 아이스바인(Eiswein)과 트로켄베렌아우스레제(Trockenbeerenauslese)를 만들어 냈다.

독일 와인을 마실 때는 스위트한 맛을 기준으로 해서 등급을 구분해야 한다. 즉 독일 와인 등급은 그 기준이 프랑스와 다르다. 독일에서는 늦게 수확해 당도가 높은 와인일수록 등급이 높다. 최고 등급인 QmP(Qualitätswein mit Prädikat)는 수확 시 당도가 낮은 순서부터 6단계 등급으로 나눈다. 당도가 낮은 순부터 카비네트(Kabinett) → 슈패트레제(Spätlese) → 아우스레제(Auslese) → 베렌아우스레제(Beerenauslese) → 아이스바인(Eiswein) → 트로켄베렌아우스레제(Trockenbeerenauslese)의 순서다.

3) 이탈리아

(1) 일탈의 노력이 빚은 슈퍼 토스까나

고대 그리스인들이 이탈리아를 '오노트리아(Oenotria, 와인의 땅)'이라고 부를 만큼, 이탈리아 와인은 몇천 년 전부터 유럽 와인을 주도했다. 그런데 시간이 지날수록 쇠락을 거듭했다. 프랑스나 독일 등 다른 유럽 국가들이 질적 향상을 꾀하는 동안, 이탈리아는 양적 팽창에 매달렸던 결과였다. 그래서 이탈리아 와인은 값싸고 편하게 즐기는 싸구려 테이블 와인 정도로 인식되었다. 20세기 후반 이후에도 이탈리아 와인은 프랑스, 독일, 스페인 등 다른 유럽 국가 와인에 비해 상대적으로 주목받지 못했다.

지난 몇십 년 동안 많이 달라졌다. 지금은 세계적인 명품 와인이 이탈리아 토스까나에서 생산되고 있다. 그런데 명품 와인이 나오게 된 배경이 상식의 궤도를 벗어나고 있다. 와인 생산자의 일탈적인 노력이 명품 와인을 탄생하게 했다. 1968년 이탈리아 토스까나 지방의 떼누따 산 구이도(Tenuta San Guido) 와이너리의 소유주 마르케스 마리오 인치사 델라 로께따(Marquez Mario Incisa Della Rocchetta)는 와인 메이커 지아꼬모 따키스(Giacomo Tachis)의 도움을 받아 레드 와인 사씨까이아(Sassicaia)를 만들어 냈다.

사씨까이아, 1999

태양(Sole)이라는 뜻의 사씨까이아는 정통 이탈리아 와인이 아니었다. 품종도 달랐고, 양조방식과 생산 지역도 정통에서 벗어났다. 한마디로 사씨까이아는 이탈리아 정통 와인 기준으로는 이단적인 변칙 와인이었다.

사씨까이아는 우선 토스까나 지방의 토종 품종 산지오베세(Sangiovese)로 만들지 않았다. 프랑스 품종인 까베르네 쏘비뇽과 까베르네 프랑 2종을 블렌딩해서 만들었다.

양조 방식도 전통적인 슬로베니아의 타원형 오크통(카스크)을 사용하지 않고 225ℓ짜리 프랑스 오크통 바리끄(Barrique)로 숙성했다. 이 모든 요인이 이탈리아의 DOCG 규정에 어긋났다. 그래서 사씨까이아는 맨 하등급인 비노 다 따볼라(Vino da Tavola) 등급을 받았다.

그런 얼마 후 어느 영국 기자가 이 와이너리를 방문해 사씨까이아를 맛보았다. 프랑스 명품 와인처럼 환상적이었다. 와인 기사를 쓰면서 이 와인을 맨 하등급인 비노 다 따볼라급 와인이라고는 도저히 쓸 수 없었다. 난감하던 기자는 좋은 생각을 해냈다. 이 와인을 슈퍼 토스까나(Super Toscana)라고 명명한 것이다. 1980년대에 이 와인은 국제무대에서 빛을 발하기 시작했다. 결국 사씨까이아는 1994년 DOCG급으로 승격했다.

사씨까이아 제조에 관여했던 지아꼬모 따키스와 삐에로 안띠노리는 1978년 키안띠 지역에서 또 하나의 이단적인 와인을 만들어 냈다. 까베르네 쏘비뇽을 주품종으로 하고 까베르네 프랑과 토종 산지오베세를 배합한 쏠라이아(Solaia)를 내놓았다. 쏠라이아는 이탈리아 와인으로는 처음으로 미국 와인 전문지 〈Wine Spectator〉가 선정한 '2000년도 World Top 100 Wines'에서 1위를 차지했다. 이처럼 등급은 낮으면서도 품질은 매우 뛰어난 이단적인 이탈리아 와인이 꽤 많다. 말 그대로 흙 속의 진주다. 따라서 와인 만남에서 이탈리아 와인을 주문할 때 등급은 낮고 품질은 최고급 수준인 와인을 찾아 주문하면 주위의 찬사를 한 몸에 받을 수 있다.

와인 애호가라면 이탈리아 최고의 와인 사씨까이아(Sassicaia)와 쏠라이아(Solaia)를 알아야겠다. 웬만한 와인바에 준비돼 있다. 그러나 가격이 만만치 않다. 2017년산 사씨까이아의 가격은 와인 숍에서 58만 원, 쏠라이아는 70만 원선을 줘야 한다. 이 정도 가격을 투자할 만한 가치가 있는 만남일 경우 망설임 없이 주문해 보자.

프렌치 패러독스(French Paradox, 프랑스인의 역설)라는 말이 있다. 이 말은 프랑스나 미국 사람 모두가 육류를 많이 먹는데, 유독 프랑스인만 고혈압, 심장병 등 성인병 발병률이 미국인보다 훨씬 낮은 현상을 두고 하는 말이다. 이 현상에 주목한 미국 과학자들이 조사·연구했다. 그 결과 프랑스인의 발병률이 낮은 주요 요인은 그들이 와인을 즐겨 마시기 때문이라는 사실을 발견했다. 와인 속에 함유된 폴리페놀(Polyphenol) 성분이 인체에서 각종 성인병을 억제하는 작용을 하는 것으로 밝혀졌다. 이 사실이 알려지자 위스키를 주로 마시던 많은 미국인이 와인 쪽으로 음주 패턴을 바꾸었다고 한다.

이처럼 세계 여러 나라 사람들에게 와인 문화가 이제는 하나의 생활 패턴으로 정착했다. 우리도 하루빨리 와인 문화가 정착돼 와인을 마시면서 얘기하고, 사랑하고, 비즈니스 하는 그런 시기가 왔으면 한다.

5. 와인 맛의 세 가지 요소

1) 신맛, 떫은맛, 단맛

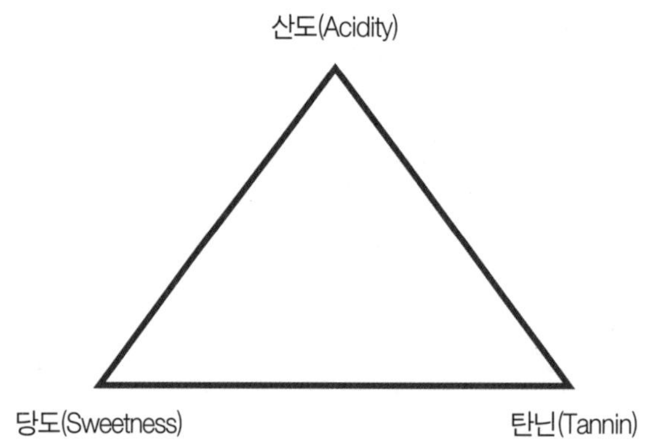

와인 얘기를 부드럽게 풀어나가기 위해서는 우선 와인 맛에 대한 세 가지 요소를 구분할 줄 알아야 한다. 세 가지 요소란 신맛(Acidity), 떫은맛(Tannin), 단맛(Sweetness)을 말한다.

모든 와인은 제각기 다른 맛을 지니고 있다. 심지어 똑같은 지역에서 똑같은 방법으로 생산되고, 똑같은 장소에 저장된 와인이라도 실제로 마셔 보면 맛에 미묘한 차이가 있다. 와인이 까다로운 술이라고 하는 건 바로 이런 이유 때문이다. 이런 맛 차이는 생산 지역의 기후, 토질, 생산연도, 제조 회사, 제조 과정, 숙성 기간,

보관 온도, 보관 장소. 보관 방법 등에 따라 와인 맛이 변하면서 일어난다.

그래서 사람들은 와인을 살아 있는 술이라고 말한다. 실제로 와인은 코르크 마개를 통해 한 달에 0.01㎖(1㎖는 1/1,000ℓ)의 공기를 공급 받는다. 이 공기에 들어 있는 산소가 와인 속에 녹아 있는 각종 유기물을 산화시키면서 와인 맛을 깊고 부드럽게 숙성시키는 데 약간의 도움을 준다.

시인 바이론(George G. Byron 1788-1824)의 와인 해석

스무 살이 갓 넘은 바이론이 대학에 다니던 1800년대 초에 일어난 일이다. 대학에서 종교학에 관한 시험을 치르는 날이었다. 그런데 출제된 시험문제의 제목이 아주 난해했다. 문제의 제목은 "물을 와인으로 바꾼 예수의 기적에 담긴 종교적이고 영적인 의미를 서술하라"였다. 잠시 망설이던 바이론은 이렇게 적었다. "물이 그 주인을 만나자 얼굴이 붉어졌도다." 담당 교수는 바이론의 해석을 명답이라고 평가했다.

와인 맛이 병마다 천차만별이지만 기본적으로 단맛, 떫은맛, 신맛 세 가지의 기본 맛을 이루고 있다는 점에서는 동일하다. 사람의 기본 미각은 단맛, 쓴맛, 신맛, 짠맛 등 네 가지이나, 와인에서 짠맛은 무시해도 좋다.

신맛은 다양한 와인 맛을 느끼게 해 주는 가장 기본적인 맛이다. 단맛은 신맛을 부드럽게 해 주는 역할을 한다. 떫은맛은 와인의 탄닌(Tannin) 성분에 의해 느껴지는 맛으로 레드 와인의 가장 중요한 맛을 이루고 있다.

와인에서 이 세 가지 기본 맛은 화이트 와인과 레드 와인에서 각각 달리 느껴진다. 우선 화이트 와인에서 가장 중요한 맛의 요소는 단맛과 신맛이 서로 조화를 이루어 상호보완 관계를 이루고 있다는 점이다. 같은 화이트 와인에도 맛 차이는 분명히 있다.

예를 들어 드라이 화이트 와인의 경우 신맛과 알코올 도수가 모두 강하면 맛이 강해지고, 신맛은 강하고 알코올이 약하면 신맛은 나지만 가벼운 와인으로 느껴진다. 이에 비해 신맛이 약하고 알코올이 강하면 진하고 중후한 맛이 난다. 신맛과 알코올이 모두 약하면 단맛이 나는 가벼운 와인이 된다.

신맛은 신선하고 청량감을 주는 맛으로 숙성된 와인을 마셨을 때 약간 신듯 하면서 입안을 개운하게 하는 느낌을 준다. 주로 화이트 와인에서 느낄 수 있는 맛이다. 신선하고 청량한 신맛을 내는 대표적인 화이트 와인 중의 하나가 샤르도네(Chardonnay) 품종으로 만드는 부르고뉴(Bourgogne)의 샤블리(Chablis) 와인이다.

레드 와인은 그 맛이 대부분 드라이하다. 그러나 알코올이 단맛을 어느 정도 대신하므로 레드 와인에는 단맛, 신맛, 떫은맛이 묘한 균형을 이룬다. 보졸레 누보처럼 신선한 레드 와인은 산이 많고 탄닌은 적다. 장기간 숙성하는 레드 와인은 탄닌과 산이 풍부하다. 탄닌과 산이 많으면 떫은맛이 강하다.

떫은맛은 떫으면서도 부드럽고 우아한 맛을 내는 탄닌에서 나온다. 탄닌은 와인이 덜 숙성되었을 때까지는 입안을 땅기는 듯한 느낌을 준다. 그러나 충분한 숙성 후에는 실크나 벨벳처럼 부드럽고 우아한 맛을 낸다. 대표적인 와인은 보르도 메독 등 프랑스 대부분 지역에서 까베르네 쏘비뇽을 주품종으로 만드는 레드 와인이다.

단맛은 와인을 입안에 머금었을 때 느껴지는 달콤한 맛이다. 와인의 단 맛은 포도의 당분이 알코올로 완전히 발효하지 않고 잔당(殘糖)으로 남아 있으면서 난다. 이런 단맛은 주로 독일 화이트 와인에서 많이 난다.

와인은 신맛, 떫은맛, 단맛이 잘 조화되고 서로 균형을 이루고 있어야 한다. 특별한 와인을 제외한다면, 어느 특정한 요소가 유난히 강하거나 한 맛에만 치우쳐 있는 와인은 좋은 맛과 느낌을 갖기에는 부족하다. 좋은 와인은 신맛, 떫은맛, 단맛이 균형 있는 조화를 이루고 있어야 한다.

만약 신맛이 적으면 싱거운 와인이 되고, 너무 많으면 쏘는 듯한 날카로운 와인이 된다. 탄닌이 적으면 가벼운 와인이 되고, 탄닌이 너무 많으면 거칠고 떫은 와인이 된다. 또한 단맛이 적으면 김빠진 맥주처럼 맥 빠진 와인이 되고, 너무 많으면 뜨거운 와인이 된다.

여기서 우리가 꼭 유념해야 할 사항이 있다. 와인 맛의 '조화와 균형'은 가격 차이가 난다고 해서 달라지지 않는다는 점이다. 정상적인 양조 과정을 거친 와인이라면 가격에 관계없이 신맛, 떫은맛, 단맛의 세 가지 요소가 서로 조화와 균형을 이루고 있다. 다만 그 조화와 균형의 크기가 다를 뿐이다. 비싼 와인은 조화와 균형의 크기가 보다 클 것이고, 싼 와인은 그 크기가 비싼 와인보다 작다. 즉 비싼 와인은 입안에서 느껴지는 맛과 향이 더 강하고 깊으며, 싼 와인은 맛과 향이 상대적으로 덜하고 숙성도도 떨어진다.

비싼 와인과 싼 와인의 맛은 얼마나 다를까

와인 맛과 향취는 가격 문제보다는 그 와인의 등급에 의해 차이가 많이 난다. 예컨대 프랑스 와인의 경우 우리나라 사람들이 주로 마시는 와인은 AOC 와인이다. 이 AOC 와인은 프랑스가 생산하는 와인 중 약 45%를 차지하는 고급 와인이다. 즉 라벨에 AOC 마크가 있으면 이 와인의 맛은 훌륭하다고 봐야 한다.

그러나 프랑스 와인 등급 중 세 번째 등급인 Vin de Pays나 네 번째 등급 Vin de Table은 아무리 좋은 와인이라도 그 맛이 AOC 와인을 따라갈 수 없다. 우선 떼루아르와 수확한 포도 품질 등에서 차이가 나고, 양조 및 숙성 과정에서의 정성에도 차이가 난다.

100% 양조 와인이라면 등급에 관계없이 균형과 조화가 잘 이루어져 있지만, 그 크기가 다르기 때문에 마실 때 느끼는 맛이 다르다. 예를 들면 똑같은 품종으로 만든 와인이라도 AOC 와인은 맛이 깊고 부드러운 데 비해 상대적으로 Vin de Table 와인은 무언가 싱겁거나 거친 맛이 난다.

명품 와인은 AOC 와인 중에서도 특별히 생산된 와인이므로 그 맛의 깊이와 농도는 일반 AOC 와인보다 훨씬 풍부하다. 가격도 일반 AOC 와인보다 훨씬 비싸다.
한 가지 유념할 게 있다. 와인의 나라 프랑스에서는 국민의 90% 이상이 가장 등급이 낮은 Vin de Table을 즐겨 마시고 있다는 사실이다. 우리나라처럼 고급 와인만 찾는 나라도 아마 찾기 힘들 것이다. 세계 고급 와인의 40% 이상을 한·중·일 삼국이 소비한다는 사실을 주목할 필요가 있다.

레드 와인의 맛 구성 비중

떫은맛(Tannin) 레드 와인의 기본 맛	신맛(Acidity) 떫은맛과 조화를 이룸	단맛(Sweetness) 떫은맛과 신맛을 보조

화이트 와인의 맛 구성 비중

신맛(Acidity) 화이트 와인의 기본 맛	단맛(Sweetness) 신맛과 조화를 이룸	떫은맛(Tannin) 신맛과 단맛을 보조

2) 표현으로 좌중을 이끈다

와인을 좋아하는 사람 중에 와인 맛을 산뜻하고 멋있게 표현할 줄 아는 사람이 의외로 적다. 대화 중에 마시는 와인 맛을 멋지게 표현하는 경우가 의외로 적다. 역설적으로 와인 맛을 제대로 표현해 내면 좌중을 사로잡을 수 있다. 상대방은 그런 나에게 신뢰와 능력을 인정한다. 이렇게 되면 그 대화는 성공한 거나 다름없다.

와인 맛을 얘기할 때 일반적으로 하는 표현은 괜찮다(fair), 상당히 좋다(good), 훌륭하다(great), 별로다(poor), 풍부하다(rich), 자극적이다(aggressive) 등 여러 가지가 있다. 그러나 좌중을 이끌어 가기 위해선 보다 구체적으로 표현하는 게 좋다. 즉 일반적인 표현으로는 그 와인의 특성을 딱 떨어지게 말하는 데 부족하므로, 맛에 대한 보다 구체적이고 적합한 용어를 표현할 줄 알아야 한다.

와인 만남

구체적 표현은 평소에 익혀 놓는 게 좋다. 그 표현이 낭만적 풍미를 풍긴다면 더욱 좋은 일이다. 예컨대 들풀 야생화 냄새가 난다든지, 향긋한 무화과 냄새가 난다든지, 사과 향이 가득하다든지, 실크처럼 우아하다든지 하는 식으로 표현하는 방법이 그것이다.

와인 맛을 보다 구체적으로 표현하는 데는 당도, 쓴맛, 그리고 입에서 느껴지는 무게감(body)에 대한 얘기가 반드시 뒤따라야 한다. 먼저 당도의 기본적인 표현은 스위트(sweet)와 드라이(dry)다. 스위트는 주로 화이트 와인에서 느껴지는 맛으로, 와인 속에 남아 있는 잔당(殘糖)이 많을수록 단맛이 더 난다. 독일 모젤(Mosel-Saar-Ruwer)이나 라인가우(Rheingau), 라인헤센(Rheinhessen) 지방에서 생산되는 화이트 와인과 프랑스 보르도(Bordeaux)의 쏘테른(Sauternes) 와인이 스위트 화이트 와인으로서 이름이 높다. 스위트 와인은 입안에 넣었을 때 달콤한 맛이 느껴진다. 드라이 와인은 단맛이 나지 않고 입안에서 깔끔한 맛이 나는 맛이다. 와인에서 드라이하다는 말은 와인 속에 잔당이 남지 않아 단맛이 없다는 얘기다. 샤르도네 품종으로 만든 프랑스 부르고뉴(Bourgogne)의 샤블리(Chablis) 와인이 대표적인 드라이 화이트 와인이다.

떫은맛은 탄닌 성분이 만드는 맛으로 와인을 마셨을 때 입안을 조이는 듯한 느낌을 준다. 주로 레드 와인에서 떫은맛이 강하다. 탄닌은 포도 껍질과 씨에서 많이 추출된다. 탄닌이 많은, 즉 떫은맛이 강한 대표 품종은 까베르네 쏘비뇽과 시라 등이다. 탄닌은 와인이 숙성되면서 거칠고 떫은맛에서 점차 부드럽고 깊은 맛으로 변한다. 그래서 숙성 초기인 영 와인일 때는 그 맛이 '땅긴다' '조인다' '거칠다' '떫다' 등으로 표현하는 맛이 난다. 그러나 숙성된 와인은 '부드럽다' '녹았다' '깊다' '우아하다' 등의 표현에 어울리는 맛이 난다.

와인 맛을 말할 때 꼭 짚고 넘어가야 하는 표현이 있다. 바로 무게(body)에 관한 표현이다. 이 무게는 주로 와인의 알코올 도수와 탄닌 등에 의해 느껴진다. 즉 알코올 도수가 높을수록, 그리고 탄닌이 많이 함유될수록 무게가 더 크게 느껴진다. 무게의 정도는 '많이 무겁다(full-bodied)' '중간이다(medium-bodied)' '가볍다(light-bodied)' 등으로 표현한다. 여기서 표현하는 '무게'라는 느낌은 물과 주스를 마실 때 느끼는 차이와 비슷하다. 물은 가볍게 느껴지는 데 비해 주스는 약간 묵직한 느낌을 준다. 까베르네 쏘비뇽으로 만든 레드 와인은 그 무게가 무겁다. 그래서 이럴 때 "이 와인은 풀 바디(full-bodied)하다"고 말한다. 풀 바디 와인은 입에 넣으면 입속이 꽉 찬 듯한 느낌을 준다. 그러나 보졸레 누보(Beaujolais Nouveau)처럼 라이트 바디(light-bodied) 와인을 마시면 약간 시고 가벼운 느낌을 받는다.

와인 향에 대해서도 적절한 표현이 필요하다. 좋은 와인 향은 맛 못지않게 기분을 황홀하게 한다. 향을 얘기할 때는 향의 강도(intensity), 선명도(clarity), 품질(quality) 등 세 가지 요소를 살펴야 한다. 향 강도는 '약하다' '강하다' '강력하다(powerful)' 등으로 표현한다. 선명도는 '혼탁하다' '선명하다'로 표현한다. 품질은 '우아하다' '섬세하다' '거칠다' '빅 노우즈(big nose)' 등으로 표현한다. 빅 노우즈는 향이 특별히 우아하고 여러 좋은 향이 복합적으로 잘 어울려 있을 때 사용하는 말이다.

와인을 포괄적으로 얘기할 때 곧잘 사용하는 표현으로는 '남성적이다' '여성적이다' '개성이 강하다' '잠재력 있다' '훌륭하다(great)' 등이 있다. '남성적이다'는 힘이 넘치는 와인을 말한다. '여성적이다'는 맛이 우아하고 복합적인 맛을 나타낼 때 사용한다. '훌륭하다'는 와인에 대해 가장 높은 찬사다.

와인 평가에 유용한 표현

noble	품격이 있는 우아한 와인	healthy	건강한 와인
aggressive	미숙성되거나 자극적인 맛의 와인	astringent	탄닌이나 산이 강한 와인
well behaved	맛이 충분한 와인	light	알코올 함량이 적은 와인
concentrated	호감을 주는 와인	closed	맛을 깊게 하기 위해 시간이 필요한 와인
complex	맛과 향이 좋은 와인	crispy	신선하고 상쾌한 와인
flowery	꽃 향기가 나는 와인	mild	순하고 부드러운 와인
earthy	흙냄새가 나는 와인	racy	기품 있고 기운찬 와인
elegant	부드럽고 우아한 와인	long	입안에 여운이 오래가는 와인
fine	섬세한 향이 있는 와인	mature	잘 숙성돼 맛이 풍부한 와인
rich	맛이 풍부한 와인	round	원숙하고 균형 잡힌 와인
heavy	알코올 함량 높은 와인	velvety	벨벳 질감의 부드러운 와인
fresh	상쾌하고 젊은 와인	sweet	달콤한 와인
full flavored	맛이 짙고 싱싱한 와인	spicy	향신료 향미가 나는 와인
tart	기운차고 맛이 풍부한 와인	delicate	미묘하고 섬세한 와인
silky	실크처럼 부드러운 와인	flat	신선함과 신맛이 부족한 와인
sharp	거칠지만 숙성되면 부드러워지는 와인	thin	향과 바디가 부족한 와인
tough	탄닌 맛이 강한 와인	soft	잘 익은 과일 향이 강한 와인
woody	오크통 향이 배인 와인	vert	산미가 강한 미숙성 와인
firm	산과 탄닌이 적당한 와인	hard	산과 탄닌 성분이 지나친 와인
		fat	풀 바디한 스위트 와인

6. 빈티지(Vintage)를 알면 와인의 성격을 안다

와인을 웬만큼 아는 사람이면 와인을 구입할 때 빈티지를 먼저 살핀다. 유럽산 와인은 빈티지가 와인 품질에 상당한 영향을 주기 때문이다. 그래서 흔히 와인 숍에서 와인을 구입하거나 고를 때 가급적 빈티지가 좋은 와인을 구하려 한다. 빈티지(Vintage)는 포도의 수확 연도다. 즉 와인을 병입한(bottled) 연도가 아니라 몇 년도에 수확한(harvested) 포도로 와인을 양조했는지를 말해 주는 게 빈티지다.

그런데 빈티지는 모든 와인에 꼭 필요한 게 아니다. 뉴 월드 와인은 빈티지가 그리 중요하지 않다. 미국이나 호주, 칠레 등 뉴 월드(New World) 지역의 기후는 거의 일정해서 생산연도에 따라 와인 맛이나 품질이 별로 달라지지 않는다. 그래서 뉴 월드 와인은 빈티지보다 와인 품종이나 숙성 기간 등을 더 세밀히 살피는 것이 바람직하다.

유럽산 와인의 경우도 구입 직후 또는 1-2년 내에 마시거나, 10만 원 미만의 중급 정도의 와인은 빈티지를 따지지 않아도 괜찮다. 숙성 기간이 최소한 5년 이상 소요되는 유럽 와인에 빈티지가 필요하다. 보르도 와인의 대표 품종인 까베르네 쏘비뇽(Cabernet Sauvignon)이나 시라(Syrah)가 바로 이런 대기만성형 와인이다. 이 품종으로 만든 와인을 고를 때 빈티지를 따져 보는 것이 좋다.

빈티지에 근거해 좋은 와인을 구입하려면 와인숍 등에 비치된 빈티지 차트(vintage chart)를 참고해 와인을 고르면 된다. 빈티지가 요구되는 와인은 대체로

▲유럽산 ▲고가(최소 10만 원 이상) ▲오랜 숙성 기간 등 세 가지 필요조건을 충족시키는 와인이라야 한다.

유럽산 와인은 일반적으로 맛과 품질이 안정되어 있으므로 굳이 빈티지가 좋아야 하는 것은 아니다. 다만 유럽에는 일조량과 강우량 등이 해마다 다르므로 가급적 일조량이 많고 강우량도 적당한 해의 와인을 선택하면 보다 좋은 와인을 맛볼 수 있다. 20세기 들어 빈티지가 가장 좋았던 해는 2차대전이 끝난 1945년이었다. 최근 30년 동안 일조량이 좋았던 해는 1996년과 1999년, 2003년이다. 2000년 이후는 보르도 와인의 경우 2002, 2005, 2009, 2010, 2015, 2016년이다. 부르고뉴 와인은 2005, 2009, 2015, 2019년이다. 당연히 이런 해의 빈티지 와인이 다른 해 와인보다 더 풍미가 있고 깊은 맛을 낸다. 실제로 이들 해에 생산된 와인은 다른 와인보다 가격이 10-30% 정도 더 비싸다. 1961년에도 전설적으로 일조량이 좋았던 해다.

빈티지가 필요한 와인은 보르도나 부르고뉴 와인 등 오래 숙성해야 깊고 부드러운 맛이 우러나는 와인들이다. 보르도 와인은 대개 까베르네 쏘비뇽과 메를로(Merlot) 등 2-3품종을 블렌딩해 숙성시킨다. 까베르네 쏘비뇽은 상당 기간 숙성이 필요한 와인이다. 이런 와인은 구입 직후 바로 마시면 떫거나 시고 거친 맛이 날 때가 있다. 그래서 숙성을 요하는 와인은 오랫동안 숙성시켜야 깊고 우아한 맛을 낸다.

빈티지는 와인을 선택할 때 참고할 보조적인 사항이지 절대 기준은 아니다. 왜냐하면 빈티지는 개별 와인에 대한 평가가 아니라 포도의 전반적인 출하 상태에 대한 지역별 평가이기 때문이다. 각각의 와인은 생산자의 와인 제조 노하우 및 양조 능력과 양조 과정, 와인 생산과정 등에 의해 그 품질이 달라진다. 그래서 빈티지가 같더라도 생산자에 따라 또는 저장 방법 등에 따라 와인의 품질이 천차만별로 차이가 날 수 있다.

빈티지를 잘 이용하면 와인 만남 자리에서 자신의 숨어 있는 재능을 인정받을 수 있다. 사람의 성격이 모두 다르듯이, 와인도 제 각각의 성격을 갖고 있다. 어떤 와인은 급하게 익어 가다가 또 급하게 성숙기간을 넘긴다. 또 어떤 와인은 꾸준히 그리고 서서히 숙성된다. 또 다른 와인은 굼벵이처럼 수십 년 동안 아주 천천히 익어서 적어도 20년이 지나야 제맛을 내기도 한다.

누구라도 모든 와인을 종류별로 어떤 빈티지가 최적인지는 다 알 수는 없다. 당장 뚜껑을 따서 마셔야 하는 건지, 이미 지난 것인지, 또는 더 저장해야 되는 건지 망설여질 때가 있다. 이럴 때 긴요하게 이용할 수 있는 게 빈티지 차트다. 빈티지 차트를 참고하면 어떤 게 좋을까 하고 망설이지 않아도 된다.

매년 와인 전문기관이나 전문 잡지에서 빈티지 차트를 발표한다. 이 차트에는 생산 지역, 생산연도, 품종별로 와인의 상태가 표시돼 있다. 지금 숙성 최적 상태에 있는지, 아직 덜 숙성됐는지, 아니면 숙성 최적기가 지나서 식초로 변하고 있는지 알려 준다. 빈티지 차트를 이용할 때는 가급적 최신판을 이용하는 것이 좋다. 예컨대 2022년 초 시점에서 와인을 선택한다면, 이 시기의 가장 최신판은 2021년도 판이다. 따라서 2021년 차트를 보면서 와인의 숙성도를 가늠하여 와인을 선택하는 것이 바람직하다.

주의해야 할 게 하나 있다. 빈티지 차트를 100% 믿으면 안 된다는 점이다. 왜냐하면 빈티지는 포도의 출하 상태를 지역별로 평가한 것에 지나지 않기 때문이다. 빈티지가 와인의 모든 것을 말해 주지는 않는다.

빈티지는 그냥 어느 해 수확한 포도로 만들었으니 그 작황 연도를 참고하라는 정도의 메시지에 불과하다. 빈티지는 각 와인의 품질이나 숙성 정도, 맛 등에 대해서는 아무런 정보를 주지 않는다. 와인은 포도 작황이 좋다 하더라도 와인 생산자의 양조기술과 저장 상태, 보관 장소와 방법 등에 따라서 얼마든지 품질이 달라진다. 똑같은 와인이라도 이런 요인에 의해 맛과 품질이 달라짐을 항상 고려해야 한다. 만남의 성격을 보아가며 와인 종류와 품종을 선택하고 그에 알맞은 빈티지를 주문하면 황홀한 와인의 세계에 들어갈 수 있다.

와인 고를 때 꼭 필요한 상식 용어

▷ Dry 드라이

'드라이'는 포도의 발효 과정에서 과당이 알코올로 완전히 전환된 상태를 일컫는다. 그래서 드라이한 와인은 단맛을 거의 느낄 수 없다. 일반적으로 '드라이하다'는 평가를 받는 와인은 당 함유비율이 0.5% 이하라야 한다. 드라이는 또 레드 와인의 탄닌 성분으로 인해 생기는 입안의 떫은 느낌을 말하기도 한다.

▷ Body 바디

입안에서 느껴지는 와인의 무게감이나 점성도 같은 질감을 표현하는 용어이다. 예컨대 물과 주스를 각각 입안에 넣었을 때 느끼는 차이와 같다. 무거운 느낌의 강도에 따라 라이트 바디(light-bodied), 미디엄 바디(medium-bodied), 풀 바디(full-bodied)라고 표현한다. 풀 바디의 전형적인 예는 까베르네 쏘비뇽, 미디엄 바디의 전형적인 예는 삐노 누와르다. 라이트 바디의 예는 보졸레 누보다.

와인의 바디는 알코올, 글리세린, 당의 함량에 따라 결정된다. 색깔만 봐도 바디감을 알 수가 있다. 까베르네 쏘비뇽 또는 쉬라즈 품종은 아주 진한 적색을 나타낸다. 이에 비해 삐노 누와르 품종은 훨씬 연한 적색을 보인다. 그래서 연한 색의 삐노 누와르는 물을 마실 때 느끼는 질감이라면, 묵직한 까베르네 쏘비뇽이나 쉬라는 주스를 마실 때 느끼는 질감이라 생각하면 바디가 뭔지 실감할 수 있다.

▷ Tannin 탄닌

탄닌은 입안을 떫게 만드는 요소로 포도 껍질, 줄기, 씨앗 등에 많이 들어 있다. 또한 오크통 숙성을 통해서도 생성된다. 새 오크통일수록 탄닌의 성분이 많다. 오래 숙성하면 부드러워져서 숙성의 정도를 판단하는 기준이 된다.

▷ Bouquet 부케

부케는 오크통에서 발효와 숙성이라는 후천적 발효 과정에서 발생하는 와인의 화학적 변화로 생성된 향기를 말한다. 이에 비해 아로마는 와인의 원료로 사용된 포도 자체에서 나오는 향기를 뜻한다. 오크통에서 숙성했을 때 얻을 수 있는 오크향, 숯향이 바로 부케의 예이다. 그러나 점점 부케와 아로마가 동의어로 인식되는 추세다.

▷ Aroma 아로마

아로마는 와인의 원료로 사용된 포도 자체에서 나오는 향기를 말한다. 이에 비해 부케는 발효와 숙성 과정에서 생기는 와인의 화학적 변화로 형성된 향기를 말한다.
아로마의 예는 꽃향기, 과일 향기 등을 들 수 있고, 부케는 흙냄새, 계피향 등을 들 수 있다. 그러나 요즘 들어 와인향을 언급할 때 주로 아로마라도 묘사하고, 부케는 아로마의 동의어로 여기는 경향이 있다. 그러나 와인의 향기는 아로마와 부케로 구성되어 있음을 유의할 필요가 있다.

▷ Blend 블렌드

2가지 이상 다른 품종을 섞는 것을 말한다. 더 좋은 와인을 만들기 위해 서로 다른 포도 품종, 와이너리, 빈티지 등 여러 복합적인 요소를 혼합한다. 최고급 와인부터 테이블 와인에 이르기까지 거의 모든 와인이 블렌딩된다.
대표적인 블렌딩 와인은 프랑스 보르도 와인이다. 보르도 와인은 대개 까베르네 쏘비뇽 60-70%, 메를로 30-40%, 까베르네 프랑이나 말벡, 쉬라 등을 3-10% 정도를 혼합해 만든다. 생산자에 따라 2품종 또는 3품종을 블렌딩한다. 이에 비해 부르고뉴 와인은 대부분 단일 품종으로 와인을 만든다.

▷ Corkage charge 콜키지 차지

레스토랑이나 와인바에 가면서 와인을 가져가는 것은 기본 예의가 아니다. 하지만 레스토랑이 세상의 모든 와인을 보유하고 있지 않다. 또 내가 갖고 가는 와인에 특별한 의미가 있다면(예 : 소중한 추억이 담긴 와인), 레스토랑의 어떤 와인도 이를 대신할 수 없다.

이럴 땐 일정한 금액을 지불하고 가져간 와인을 마실 수 있다. 이때 지불하는 금액이 콜키지 차지다. 이 차지에는 와인 잔 제공 등 여러 서비스가 포함된다. 차지는 레스토랑마다 다르므로 가기 전 확인해 보는 것이 좋다. 얼마라고 정해진 곳도 있고, 가져간 와인이 레스토랑에서 팔렸을 때의 가격의 몇 %를 받는 곳도 있다. 대개 20% 안팎의 차지가 붙는다.

그렇다면 그 와인이 레스토랑에서 팔렸을 때 가격이 얼마인지 어떻게 알까. 정확한 금액은 몰라도 레스토랑에 소믈리에가 있다면 와인회사/빈티지/지역/와인등급 등을 보고 10만 원 이하/10만 원 대/20만 원 대 이상 등으로 가늠할 수 있다.

▷ Table wine 테이블 와인

미국에서 테이블 와인에 대한 법적인 정의는 다음과 같다. 스파클링 와인이 아니고, 알코올 함량이 14%를 넘지 않은 것을 테이블 와인이라 한다. 14%로 정한 이유는 자연적인 발효로 만들어지는 알코올 함량을 14%로 보기 때문이다. 14%보다 높으면 디저트 와인으로 분류된다.

하지만 일반적으로는 Table wine이라고 하면 고급 와인이 아니라 식사하면서 마시는 중저급 와인을 의미한다. 유럽은 와인 최하위 등급을 테이블 와인이라 부른다. 프랑스는 Vin de Table, 독일은 Deutcher Tafelwein, 이탈리아는 Vino da Tavola, 스페인은 Vino de Mesa, 포르투갈은 Vinhos de Mesa 등으로 부른다. 대부분의 유럽 사람들은 평소에 가장 하급인 바로 이 테이블 와인을 마신다.

▷ Vintage 빈티지

빈티지는 병입한 해가 아니라 포도를 수확한 해를 말한다. 빈티지는 포도 재배에 큰 영향을 주는 날씨와 밀접한 관련성을 갖는다. 특히 날씨가 불안정한 유럽에서는 포도 수확 연도가 와인 품질에 상당한 영향을 주기 때문에 유럽산 와인에는 빈티지가 그만큼 중요하다.

그러나 미국 등 신세계 와인은 날씨가 거의 일정해 상대적으로 빈티지의 중요성이 덜하다. 미국의 경우 같은 해에 수확한 포도를 95% 이상 함유해야 빈티지를 표시할 수 있다.

▷ Decanting 디캔팅

와인을 디캔팅하는 이유는 여러 가지가 있다. 1) 오랜 숙성 기간 중 생긴 침전물(주석산) 등 이물질을 분리하기 위해서다. 침전물을 잘 볼 수 있도록 촛불을 병 아래에 두고 천천히 침전물을 유심히 보면서 분리한다. 2) 와인을 빨리 깨울 때 사용한다. 숙성이 오래되지 않은 영 와인은 상관없지만 빈티지가 오래된 와인은 오픈 후 바로 마시는 것보다 공기와의 산화를 통해서 와인의 깊은 맛을 깨울 필요가 있다. 이럴 때 와인을 공기와 닿게 하여 깊은 향기(Flavor)를 끌어내게 한다. 그러나 와인을 오픈해 놨다고 해서 맛과 향이 얼마나 변할지는 사실 미지수다. 남들이 그렇게 하니까 그런 줄 알고 코르크를 미리 따놓는 경우가 적지 않다. 3) 한마디로 보여 주기(Showing) 차원이다. 와인 서버가 멋있게 생긴 유리병 디캔터에 와인을 능숙하게 디캔팅하는 모습은 보기에도 좋고, 테이블 분위기를 고조시키는 데도 좋은 역할을 한다.

▷ Alcohol by volume(ABV)

1볼륨당 들어 있는 알코올 함량. 많은 나라에서 와인에 알코올이 얼마나 들어 있는지를 표시하고 있다. 대개 와인 라벨에 알코올 함량을 표기한다. 라벨을 자세히 보면 “alcohol 13% by volume”이라고 쓰여 있는 것을 찾아볼 수 있다. 이것은 1볼륨 당 와인이 13%가 들어 있다는 뜻이다. 여기에서 1볼륨이란 와인 한 병 즉 750㎖를 말한다. 또한 이것은 와인의 8분의 1 정도가 순수 알코올이란 뜻이다.

미국에서는 테이블 와인의 알코올 함량이 14%를 넘지 않도록 법으로 금지하고 있다. 14%를 넘으면 디저트 와인으로 간주된다. 그러나 이 법은 1.5% 내의 오차를 허용해 주는 융통성을 갖고 있다. 그래서 12.5%의 와인이 실제로는 14%의 와인이 될 수도 있다. 만약 라벨에 13.6%이라는 정확한 수치가 쓰여 있다면, 그것은 아주 정교하게 측정했다고 생각하면 된다.

▷ **Château 샤토**

프랑스어로 성, 저택이란 뜻이지만, 와인과 관련해서는 포도를 생산해서 와인을 병입하고 완제품으로 만드는 시설까지 모두 갖춘 와이너리를 말한다. 즉 포도 농장, 와인 양조장, 병입시설 등을 다 갖춘 와이너리를 뜻한다. 미국에서는 샤토 대신에 'estate'를 사용하고, 부르고뉴 지방에서는 'domaine'을 사용한다. 샤토는 주로 보르도 지역에서 많이 사용한다.

▷ **Champagne 샹파뉴**

파리 북동쪽에 위치한 지방으로 세계적으로 유명한 샴페인을 만드는 곳이다. 이 지역은 찬 기후와 백악질 토양을 이루고 있어 산도가 많고 산뜻한 맛의 포도가 수확된다. 샹파뉴 지방에서 만든 스파클링 와인만 샴페인이라 부를 수 있다. 샴페인은 또한 'champenoise'라는 전통적인 샴페인 제조 방법으로 만들어야 한다. 샴페인의 색은 하얗지만 주원료가 되는 포도는 삐노 누와르나 삐노 뫼니에는 적포도 품종이다. 물론 샤르도네를 포함한 다른 여러 가지 포도로 함께 블렌딩해서 만든다. 샴페인의 종류는 여러 가지가 있는데 다음과 같다.

1) **빈티지 샴페인** : 포도 작황이 좋은 해의 포도를 적어도 3년 이상 숙성시켜 만든 것.
2) **논빈티지 샴페인** : 두세 개의 빈티지를 블렌딩해서 만든 것으로 전체 샴페인의 85%를 차지한다.
3) **로제 샴페인** : 소량의 레드 와인을 첨가한 것.
4) **블랑 드 누아 샴페인** : 적포도 품종인 삐노 누와르나 삐노 뫼니에로 만들어진 것.
5) **블랑 드 블랑 샴페인** : 청포도인 샤르도네 품종으로만 만든 것. 또한 샴페인은 잔당에 따라 분류할 수도 있는데, 달지 않은 브뤼(brut)부터 매우 단 두(doux)까지로 나눌 수 있다.

5장

명품 와인 Old & New

독일 모젤강 유역의 고성(古城)

유럽은 명품 와인의 고향이다. 프랑스는 명품 와인의 본고장이자 선구자 역할을 하고 있다. 프랑스 AOC 와인은 그 자체가 명품 와인이라 해도 될 만큼 세계적인 명성과 품질을 인정받고 있다. 올드 월드 와인은 천 년이 넘는 역사와 전통을 가지고 있다. 각 와인은 확연히 차별화된 맛과 개성을 드러낸다.

유럽에는 역사와 전통에 빛나는 명품 와인이 많다. 천년 가까이 변함없이 이어온 와인도 있고, 근현대에 명성을 날린 와인도 있다. 이에 비해 뉴 월드 와인은 20세기 들어, 그것도 1960년대 이후 인정받은 와인이 많다. 뉴 월드 명품 와인은 올드 월드 명품 와인에 비해 그 수가 절대적으로 적고, 명성도 올드 월드 와인보다 못한 게 사실이다. 그러나 뉴 월드 와인 중에 특히 미국 와인은 품질 면에서 유럽 와인을 맹렬히 추격하고 있다. 미국산 명품 와인이 유럽산 명품 와인을 따라잡거나 앞선 것도 있다. 올드 월드와 뉴 월드의 명품 와인을 살펴본다.

1. 올드 월드 명품 와인

올드 월드의 명품 와인은 프랑스 와인이 압도적이다. 이탈리아, 독일, 스페인, 포르투갈 등도 명품 와인을 생산하고 있지만, 프랑스가 확실한 우위를 보이고 있다. 옛날 로마 통치 시절 갈리아(Gallia) 지방의 보르도와 부르고뉴 등 유명한 와인 산지들이 지금도 여전히 명품 와인을 생산하고 있다.

프랑스 명품 와인을 중심으로 올드 월드 명품 와인을 찾아본다. 프랑스 이외의 올드 월드 와인은 다른 장에서 설명한다.

1) 샤토 마르고(Château Margaux)
- 장인 정신으로 빚은 프랑스의 자부심

샤토 마르고

와인에도 명품 중의 명품이 있다. 샤토 마르고(Château Margaux)가 바로 그 명품이다. 샤토 마르고 와인은 2백 년 이상 변하지 않는 전통으로 애호가들을 사로잡고 있다.

샤토 마르고는 '최고의 와인, 전통의 와인'이라는 자부심 하나로 오늘날까지 명성을 이어 왔다. 샤토 마르고는 최고급 와인을 생산한다는 장인정신의 전통과 자부심을 지켜 왔다. 그래서 사람들은 샤토 마르고를 '프랑스의 자부심'이라고들 말한다.

샤토 마르고는 스스로 이렇게 말한다. "Château Margaux does not belong to us, we belong to it.(샤토 마르고는 우리의 한 부분이 아니라, 우리가 마르고의 한 부분이다.)" 마음속 깊이 진정한 자부심이 없으면 이런 표현을 할 수 없다.

샤토 마르고는 그만큼 자기 자신에 대해 강한 자부심을 가질 뿐 아니라, 와인 애호가에게 무한한 기쁨과 행복을 선사하려고 숨은 노력을 다하고 있다.

와인 컬렉션(Wine Collection)

와인을 취미로 수집하거나 또는 재테크 수단의 하나로 수집하는 추세가 늘어나고 있다. 구미나 일본에서는 와인 컬렉션이 이미 보편화했지만, 우리나라에서는 아직 걸음마 수준이다. 와인 컬렉션은 주식이나 부동산보다 안정적인 재테크 수단으로 인식되고 있다. 특히 우리나라는 와인에 대한 제반 과세가 60%를 훨씬 넘고 있어 다른 나라에 비해 와인이 비싸다. 그래서 틈틈이 외국에 나갔다 올 때 명품 와인을 한두 병씩 구입해서 잘 보관해 놓으면 훌륭한 재테크 수단이 된다.

우리나라 사람들은 외국 갔다 올 때 위스키류를 많이 구입하는데, 이제부터라도 와인을 구입해 보자. 프랑스 그랑 크뤼 명품 와인이나 미국 컬트 와인(Cult Wine) 등을 사 모으다 보면 어느새 상당한 재미를 느낄 것이다. 와인 애호가들에게는 명품 와인이 꿈에 그리는 오매불망의 대상이다.

샤토 마르고의 일반적 특성

품종	까베르네 쏘비뇽 75%, 메를로 20%, 쁘띠베르도 5%
맛과 향	부드럽고 우아하며, 숙성하면서 맛이 유연해진다. 보르도 와인 중 가장 여성적이고 화려하다. 향이 독특한 과일 향을 나타내며, 실크 같은 뒷맛이 오래 남는다.
생산지	마르고 〈 오메독 〈 보르도
와인타입	드라이 & 풀 바디 레드 와인
등급	특1등급 - 1855년 파리 만국박람회 개최 때 결정
가격	2017년산 750㎖ 90만 원 선, 오래된 빈티지는 몇백만 원 호가

2) 로마네 꽁띠(Romanée Conti)

(1) 희소성으로 가장 비싼 와인

누구나 꼭 하고 싶은 일이 있거나 가고 싶은 곳이 있다. 로마네 꽁띠 와인이 바로 이런 동경심을 우러나게 하는 와인이다. 화려한 장미향이 입안을 가득 채우는 꿈의 와인이 바로 로마네 꽁띠다.

당연히 값도 비싸다. 그리고 귀하다. 로마네 꽁띠는 부르고뉴에서 생산되는 와인 중에 가장 비싸다. 보르도에서 가장 비싼 뻬뜨뤼스(Petrus) 와인과 함께 가장 비싼 와인의 쌍벽을 이룬다.

로마네 꽁띠의 상징 십자가

로마네 꽁띠는 가격이나 희귀한 측면에서 뻬뜨뤼스보다 한 수 위다. 로마네 꽁띠는 크기가 축구장만 한 포도밭에서 연간 약 6,000병밖에 생산하지 않는다.

로마네 꽁띠 라벨에는 반드시 모노폴(Monopole)이라는 표기가 있다. 이 말은 한군데의 포도밭에서만 생산했다는 의미다.

즉 로마네 꽁띠라는 이름으로 세상에 나오는 와인은 세상에서 딱 한군데 포도밭에서 생산된 포도로 양조했다. 한군데 포도밭에서만 생산되고 그 수량도 매우 적으니 가격이 비쌀 수밖에 없다. 그래도 없어서 못 판다. 유럽 왕실이나 미국 화이트 하우스, 그리고 세계적인 유명 기업이나 경영인들이 줄 서서 몇 년씩 기다린다.

(2) '소량 생산 - 상류층 목표' 마케팅 전략

로마네 꽁띠의 마케팅 포인트는 '소량 생산, 상류층 대상'이다. 이 전략은 기막히게 들어맞았다. 로마네 꽁띠의 생산량이 획기적으로 늘어나지 않는 한 소수 상류층을 대상으로 하는 이 전략은 변하지 않는다. 그리고 절대 실패하지 않을 것이다.

로마네 꽁띠는 부르고뉴(Bourgogne) 꼬뜨 도르(Côte d'Or) 지역의 본 로마네(Vosne-Romanée) 마을에 자리 잡은 로마네 꽁띠 포도원의 이름이다. 꼬뜨 도르는 황금 언덕(Golden Slope)이라는 의미로 이 지역이 포도 수확 때 황금색 포도밭으로 장관을 이루고 있는 데서 유래했다. 또 워낙 와인으로 돈을 많이 버는 고장이라 해서 그렇게 이름 붙였다는 일화도 있다.

로마네 꽁띠 와인이 오늘날까지 유명한 데는 그럴 만한 이유가 있다. 원래 부르고뉴 지방은 포도원마다 토질이 다르고 다양해 불과 10m만 떨어져도 포도 맛이 달라진다. 로마네 꽁띠를 만드는 삐노 누아르 품종은 다른 품종보다 더 깊이 뿌리를 내린다. 그래서 뿌리가 깊을수록 각 지층의 갖가지 성분을 더 많이 흡수한다. 따라서 같은 동네에 같은 품종이라도 불과 몇 미터만 떨어져 있어도 맛과 향이 달라진다. 이런 특징은 로마네 꽁띠를 비롯한 대부분의 부르고뉴 와인이 그렇다. 바로 이런 면이 로마네 꽁띠를 더욱 특색 있고 유명한 와인이 되게 했다.

(3) 화려한 장미향

로마네 꽁띠는 부르고뉴를 대표하는 와인의 대명사와 같다. 도멘 드 라 로마네 꽁띠(Domaine de la Romanée Conti)를 줄여서 DRC라고 한다. 포도원을 보르도에서는 샤토라고 부르지만, 부르고뉴에서는 규모가 작은 전문적인 생산자는 도멘(Domaine), 규모가 큰 대형은 메종(Maison)이라고 칭한다.

DRC는 7개의 그랑 크뤼(Grand Cru) 와인을 생산한다. 생산되는 와인은 △라 따슈(La Tache), △로마네 쌩 비방(Romanée Saint Vivant), △리쉬부르(Richebourg), △그랑 에세조(Grands Echezeaux), △에세조(Echezeaux), △유일한 화이트 와인 몽라세(Montrachet), 그리고 △도멘을 대표하는 로마네 꽁띠(Romanée Conti)다.

DRC가 위치한 보스네 로마네(Vosne Romanée)는 품질이 가장 뛰어난 삐노 누아르(Pinot Noir) 포도들이 재배되는 마을이다. 마을 서쪽에 자리 잡은 낮은 언덕이 와인 애호가들이라면 누구나 가슴 설레는 포도밭들이다. 그 한가운데 가로세로 150m 정도의 로마네 꽁띠밭이 있다. 와인을 좋아하는 사람이라면 누구나 이곳에 갔을 때 로마네 꽁띠라고 새겨진 담 앞에서 사진을 찍으려고 한다. 전 세계에서 가장 좋은 와인이 생산되는 '바로 그 밭'에 왔다는 감흥을 떨쳐내기 어렵기 때문이다.

DRC에 가면 언제나 빨간 대문이 굳게 닫혀 있다. 개인 방문객은 전혀 받지 않는다. 대부분은 DRC에서 지정해 준 날에 여러 명이 시간대를 동시에 맞추어서 한꺼번에 방문한다. 심지어 영어로는 설명을 해 주지도 않아서 간 사람들을 당황하게 한다. 와이너리가 이 정도로 폐쇄적이지만 방문한 사람들은 받아 준 것만 해도 고맙다는 분위기다. 와인이 익어 가는 와인 저장고(Cellar) 안으로 들어가면 응축된 장미향이 화려하게 피어오른다. 거기에 농익은 체리와 향신료 향기들이 동시에 어우러진다. 다른 와인은 시음한 후 대개 뱉어버리지만 어느 누구도 로마네 꽁띠는 뱉지도, 남기지도 않는다. 로마네 꽁띠라는 위명은 전문가들마저 압도해 버린다.

와이너리 측은 로마네 꽁띠를 한 병만 따로 팔지 않는다. 다른 와인까지 포함해서 열두 병짜리 한 세트를 만들어서 판매한다. 그래서 로마네 꽁띠를 사려면 최소한 1,000만 원대 중반을 넘는 거금이 들어간다. 그러나 생산량이 워낙 한정되어 있어 이 정도의 금액을 들여도 구하기 힘든 와인이다. 삐노 누아르 100%의 순수성을 유지하는 부르고뉴 와인의 최고봉. 그 이름이 바로 로마네 꽁띠다. 우리나라에는 해마다 작황에 따라 30-40병 정도 들어온다.

로마네 꽁띠 문장

로마네 꽁띠의 일반적 특성

품종	삐노 누아르 95%, 삐노 리보, 삐노 그리
맛과 향	부드럽고 맛이 깊다. 진한 루비빛을 낸다. 참나무, 구운 고기, 담배, 장미 · 체리 · 딸기 향을 갖고 있다.
생산지	로마네 꽁띠 〈 본 로마네 〈 꼬뜨 드 본 〈 꼬뜨 도르 〈 부르고뉴
와인 타입	드라이 & 풀 바디 레드 와인
등급	부르고뉴 그랑크뤼(Bourgogne Grand Cru)
가격	2013년산 750㎖ 4,000만 원 선

3) 샤토 뻬뜨뤼스(Château Petrus)

(1) 귀족 마케팅

1960년대까지만 해도 별로 알려지지 않았던 샤토 뻬뜨뤼스. 이 와인은 새로 맞은 여주인의 정성과 노력으로 오늘날 세계에서 가장 비싼 와인 중의 하나로 정착했다. 그래서 와인 애호가들은 부르고뉴에 로마네 꽁띠가 있다면, 보르도엔 뻬뜨뤼스가 있다고 얘기한다.

빼뜨뤼스는 최고를 추구하는 여주인 마담 에드몽 루바(Mme. Edmond Loubat)의 공헌이 결정적이었다. 원래 이 포도원은 1800년대 중반만 하더라도 쌩떼밀리옹 일대의 가장 작고 주변 지역인 뽀므롤(Pomerol)에 위치하고 있었다.

빼뜨뤼스, 1982

거의 아무런 관심을 받지 못했다. 빼뜨뤼스는 1868년에 와서야 뽀므롤 지역의 유명 와인으로 언급되기 시작했다. 1878년에는 파리 만국박람회에서 금상을 수상하긴 했다. 하지만 수량이 워낙 적어 특히 외국 와인 애호가에게는 그 이름조차 생소했다.

1925년 마담 루바가 이 포도원을 인수하면서 샤토 빼뜨뤼스는 환골탈태했다. 그녀는 인수하자마자 최고의 포도밭으로 만드는 데 온갖 심혈을 기울였다. 밭 가꾸기에만 신경을 쓰지 않았다. 가격과 유통체계 개선에도 온갖 노력을 기울였다. 와인 품질을 점차 높이면서 동시에 가격도 높였다. 품질은 올리고, 출고 물량은 최소한에 그치도록 했다. 판매도 고객 위주의 배당제로 제한했다. 그녀의 마케팅 전략은 최고의 품질에 최고의 가격을 붙이는 이른바 '귀족 마케팅'이었다. 최고 와인은 최고 가격을 주어야 마실 자격이 있다는 그녀의 신념이 마케팅 전략에 반영됐다. 마담 루바의 마케팅 전략은 생산에서 판매에 이르는 처음부터 끝까지 전 과정의 하나하나를 최고의 상태로 만든다는 전략이었다.

마담 루바의 전방위 마케팅 전략은 적중했다. 겨우 명맥이나 잇고 있던 와인이 경영자의 헌신적인 노력과 열정에 의해 세계에서 가장 비싼 최고 와인으로 탈바꿈했다. 말로는 쉽지만, 실제는 신데렐라 동화처럼 전설 같은 실화였다.

(2) 전설 와인의 비결

뻬뜨뤼스 전경

뻬뜨뤼스가 전설적인 와인으로 평가받게 된 비결이 몇 가지 있다. 첫째는 토양이다. 뽀므롤은 어디서나 토양에 모래가 많다. 그런데 뻬뜨뤼스 토양은 신기하게도 엷은 푸른빛을 띤 진흙이다. 이 진흙 바로 밑 하층토는 자갈이고, 그 밑은 딱딱한 철분 토양의 불침투성 토양이다.

이 토양의 다양한 영양분을 흡수하고 자란 샤토 뻬뜨뤼스 포도원 포도는 다른 포도원 포도와 분명 맛과 향이 다르다.

둘째로, 뻬뜨뤼스는 보르도 지방에서 유일하게 메를로(Merlot) 단일 품종만으로 와인을 빚는다. 보르도 와인은 거의 까베르네 쏘비뇽 품종에 메를로나 까베르네 프랑, 가메, 말벡 등 2-3종을 블렌딩해 와인을 만든다. 그러나 뻬뜨뤼스는 메를로 100%로 만든다. 특별한 토양에 특별한 비율로 양조한 덕분에 한번 마셔 본 사람은 정말 잊기 힘들 정도로 와인 맛이 좋다. 진하고 감칠 듯한 육중한 맛이 나며, 쏘비뇽 품종 와인보다 덜 떫으면서 약간 달콤함도 있다.

셋째, 샤토 뻬뜨뤼스의 완벽한 관리 노하우가 더해진다는 점이다. 예를 들면 수확기에 비가 오면 헬리콥터를 동원해 바람을 일으켜 포도를 건조시킨다. 또 포도 수확하는 시간을 항상 오후로 정한다. 이는 오전에 수확하면 혹시 묻어 있을지 모를 이슬을 증발시키고 포도알을 건조시켜 포도의 숙성도를 높이기 위하려는 배려에서다. 최고를 유지하기 위해 당연히 치러야 하는 섬세함과 열정이 완제품 와인 속에 녹아 있다.

뻬뜨뤼스가 세계적인 와인으로 성장한 데는 뉴욕의 최고급 레스토랑 '르 빠비용(Le Pavillon)'의 앙리 쑬(Henri Soule)이 고객인 윈저공 부부, 오나시스, 케네디 등 최상류층 인사들에게 이 와인을 추천하면서다. 이후 유명 인사들의 입에 오르내리면서 상류사회의 사랑을 받았다. 이름이 알려진 뻬뜨뤼스는 비싸기도 하려니와 구하기 힘들어서 꿈의 와인으로 평가받고 있다.

뻬뜨뤼스 라벨에는 교황 1세(베드로) 초상화가 상징적으로 그려져 있다. 뻬뜨뤼스 와인의 이름은 바로 교황 1세인 베드로에서 유래했다. 11.5ha의 그다지 크지 않는 포도원에서 연간 4,000-4,500상자를 생산한다.

샤토 뻬뜨뤼스의 일반 특성

품종	메를로
맛과 향	아름다운 검붉은 자줏빛을 띠며, 육중하고 진한 맛이 감친다. 바닐라향과 블랙 체리, 그리고 달콤한 과일 향이 난다.
생산지	뽀므롤 〈 보르도
와인타입	드라이 & 풀 바디 레드 와인
등급	뽀므롤에는 공식 등급이 없다. 그러나 가격에서 최고급 등급임을 나타낸다.
가격	2015 750㎖ 8백만 원 선

4) 샤토 무통 로칠드(Château Mouton Rothschild)

(1) 불굴의 도전 정신으로 이룬 예술 와인

샤토 무통 로칠드 와인만큼 그 역사가 깊으면서도 하고많은 영욕을 골고루 겪은 와인도 드물다. 6백여 년 전인 1350년 뽀이약(Pauillac)에 설립된 로칠드는 1853년 나단 드 로칠드(Nathan de Rothschild) 가문의 셋째 아들 나다니엘 드 로칠드(Nathaniel de Rothschild)가 포도원을 사들이면서 도약의 길에 올랐다. 그 후 대를 이어 내려온 로칠드 가문의 와인 살리기 노력은 결국 성공이라는 유종의 미를 거둔다. 로칠드 가문은 지금도 세계 경제를 좌지우지하는 거대 유대인 가문이다.

샤토 무통 로칠드, 1982

로칠드 가문은 석유, 우라늄, 다이아몬드, 금융 등 여러 분야에서 다국적 사업을 벌이고 있고, 심지어 국제 정치와 문화 분야까지 영향을 미치고 있다. 로칠드 가문을 일으킨 마이어 암셀 로칠드와 그의 다섯 아들은 18세기 이후 파리, 런던, 프랑크푸르트 등지에서 막대한 부를 쌓아 세계적인 영향력을 행사하게 되었다.

이렇게 성공을 거듭한 로칠드 가문이 유독 와인 분야에서만은 영욕과 굴곡을 겪어야 했다. 나다니엘 로칠드는 대부호이자 국제적인 기업가로서 꼭 와인 산업을 이루고 싶었다. 그는 1850년 파리로 이사한 것을 계기로 와인에 뛰어들기로 마음먹었다. 수소문 끝에 3년 후인 1853년 보르도 뽀이약 지역에 있는 샤토 브랑 무통(Château Branne-mouton)을 사서 이름을 샤토 무통 로칠드(Château Mouton

Rothschild)로 개명했다. 무통(Mouton)은 'Little Hill(조그만 언덕)'이라는 뜻이다.

(2) 1등급 못지않은 2등급 와인

2년 후 1855년은 무통 로칠드에겐 치욕의 해였다. 이해는 나폴레옹 3세가 프랑스의 영광을 세계에 알리기 위해 파리 만국 박람회를 개최한 해였다. 프랑스 정부는 박람회 개최 전에 박람회에 출품하는 메독지구 와인에 등급을 매기게 했다. 등급은 그 당시 팔리던 와인 가격을 기준으로 하여 정했다. 즉 비싼 순서대로 등급이 매겨졌다. 그런데 사단이 벌어졌다. 샤토 무통 로칠드가 1등급을 받지 못하고 2등급으로 떨어진 것이다. 나다니엘에게는 엄청난 충격이었다. 그는 이 충격을 이런 식으로 표현했다. "First I cannot be, second I do not choose to be, Mouton I am.(일등은 될 수 없고, 이등은 내가 선택한 것이 아니어서, 난 그냥 무통이라 할 수밖에 없다.)"

무통 로칠드 문장

사실 무통 로칠드는 억울한 면이 없지 않았다. 우선 로칠드 가문이면서 같은 뽀이약 지역에서 경쟁하는 상대였던 샤토 라피트 로칠드(Château Lafite Rothschild)와의 끊임없는 가격 경쟁이 소모전에 가까울 정도로 치열했다. 무통 로칠드가 비싼 가격에 와인을 팔면 라피트 로칠드는 항상 조금 더 비싼 가격에 와인을 팔았다. 그래서 라피트 로칠드가 1등급에 오른 사실을 감안하면 무통 로칠드가 같은 등급에 오르지 못할 이유가 하등 없었다. 그럼에도 무통은 2등급으로 떨어졌다. 아마도 나다니엘은 피를 쏟을 만큼 억울하고 분통한 마음이 들었을 것이다.

무통 로칠드의 발자취를 추적해 보면 불굴의 의지와 노력, 그리고 그들의 열성이 오늘의 무통 로칠드 와인을 만들어 놓았다 해도 과언이 아니다. 어려울 때 어떻게 처신하고 대처해야 하는지 그들은 알고 있었던 게다. 1855년 2등급이라는 굴욕적 판정을 받은 뒤 로칠드 가문이 무통 로칠드를 어떻게 운영해서 영광을 되찾게 됐는지 알아보자.

(3) 도전정신으로 일군 1등급 와인 무통

그렇게 약 70년 가까이 세월이 흘렀다. 굴욕의 시기를 지나면서도 무통 로칠드는 끊임없이 명품 와인을 만들기 위해 노력했다. 1922년 약관 20세의 바론 필립 드 로칠드(Baron Phillippe de Rothschild) 남작이 샤토 무통 로칠드의 새 주인이 되었다.

필립은 샤토를 맡자마자 일대 변혁을 일으켰다. 우선 그가 취한 조치는 와인을 직접 포도원에서 병입한 일이다. 그 당시만 해도 각 포도원(샤토)은 포도를 재배하고 그 포도로 와인을 생산하는 단계까지만 담당했다. 그 이후 과정인 와인 병입과 거래는 와인 중간상인 네고시앙들이 맡아 했다. 그런데 이 네고시앙들의 불공정 거래 횡포가 적잖았다. 상당수의 샤토들이 네고시앙의 농간 때문에 이익을 별로 남기지 못했다. 필립은 네고시앙과의 이 같은 불공정 거래 폐단을 과감히 없애려 했다. 그는 병입과 유통을 네고시앙에게 맡기지 않고 직접 샤토에서 했다.

1924년 필립 남작은 샤토 무통 로칠드에서 와인을 직접 병입해서 소비자들에게 판매했다. 그리고 샤토에서 직접 병에 담았다는 표식을 라벨에 표기했다. "Mise en bouteilles au Château(미장 부떼이유 오 샤토)"라는 표기가 바로 그것이다. 이 표기는 오늘날 샤토에서 직접 병입한 고급 프랑스 와인에 모두 표기돼 있다.

필립의 이런 조치는 당시 거래 관행에서 보면 조용한 반란이었다. 네고시앙들이 꽉 잡고 있던 와인 시장에서 웬만한 자신이 없고서는 독자적인 행동을 하기가 어려웠다. 그러나 필립은 네고시앙의 횡포가 계속되는 그런 관행은 반드시 시정돼야 하며, 또 무통의 명품다움을 세상에 알리기 위해서도 독자적인 병입과 유통이 꼭 필요하다고 판단했다. 그리고 그런 생각을 실행에 옮겼다. 결과는 대성공이었다. 앞을 내다보는 그의 경영 판단이 절묘하게 맞아떨어졌다.

(4) 예술로 승화한 무통 로칠드

필립의 탁월한 경영 능력은 여기서 그치지 않았다. 그는 와인을 보다 예술적으로 표현하기 위해 라벨에 유명한 미술가들의 라벨 디자인을 그려 넣었다. 그는 1924년 빈티지 와인에 장 깔뤼(Jean Carlu)에게 의뢰해 양(羊)머리(바론 필립 남작의 별자리가 양임)와 로칠드 가문을 상징하는 다섯 화살을 그린 라벨을 부착했다.

그리고 2차 대전 이후는 달리, 샤갈, 피카소, 세자르, 헨리무어, 미로 등 유명 화가에게 라벨 그림을 의뢰해 제작했다. 2013년 아트 라벨에는 우리나라 이우환 화백의 그림이 그려져 있다.

양머리 무통 로칠드

이런 아트 라벨(Art Label)은 명품 와인의 가치를 더욱 높였다. 무통 로칠드 와인 컬렉션이 유행했다. 전 세계 와인 애호가들이 해마다 새 라벨의 무통 와인이 나올 때쯤이면 설레는 마음으로 기다려야 했다.

필립의 도전 정신은 유럽을 넘어 아메리카에서도 꽃피웠다. 1978년 그는 캘리포니아주 나파 밸리의 로버트 몬다비와 손잡고 캘리포니아 최고급 와인 오퍼스 원(Opus One)을 생산했다. 칠레에서는 비냐 꼰짜 이 또로(Vina Concha y Toro)와 손잡고 알마비바(Almaviva)를, 그리고 직접 투자형식으로 에스꾸도 로호(Escudo Rojo)를 생산하고 있다.

2등급 굴욕 118년 만인 1973년 샤토 무통 로칠드는 그렇게도 바라던 1등급 와인으로 승급했다. 필립 남작은 이날을 길이 새기고 싶었다. 그는 승급을 자축할 겸 마침 그해에 사망한 피카소를 기념하기 위해 피카소 수채화를 라벨에 담았다. 그리고 그 라벨에 이런 유명한 문구를 새겨 넣었다. "First I am, Second I was, Mouton does not change.(무통은 이제 1등이다. 2등은 과거지사다. 그러나 무통은 변치 않는다.)"

샤토 무통 로칠드의 일반 특성

품종	까베르네 쏘비뇽 85%, 까베르네 프랑 10%, 메를로 5%
맛과 향	맛이 깊고 풍부한 것이 특징이다. 풀 향기와 민트 향이 은은히 스며든다. 20-50년까지 장기 숙성이 가능하다.
생산지	뽀이약 〈 오메독 〈 보르도
와인 타입	드라이 & 풀 바디 레드 와인
등급	그랑 크뤼 1등급(1ere Grand Cru Classé)
가격	2015 750㎖ 120만 원, 2018 750㎖ 140만 원

5) 샤토 라피트 로칠드(Chãteau Lafite Rothschild)

(1) 재도약에 성공한 와인

샤토 라피트 로칠드는 18세기 말까지 고급 와인 등급에 들어 있긴 했지만, 오늘날처럼 최고급 와인으로는 인정받지 못했다. 몇백 년간의 우여곡절이 샤토 라피트 로칠드 속에 숨어 있다.

샤토 라피트 로칠드

로칠드 가문은 창시자 마이어 암셀이 엄청난 부를 축적해서 유럽 최고의 기업가로 성장했고, 1815년 워털루 전쟁 때 나폴레옹에 대항하는 연합군에 군자금을 제공했다. 또 영국의 수에즈운하 인수에 일조하는가 하면, 프랑스에 철도를 부설하는 데도 기여했다.

이런 여러 공로로 오스트리아 합스부르크 왕가는 로칠드 가문의 자손들에게 대대로 남작 작위를 세습하도록 해 주었다. 로칠드 가문은 샤토 무통 로칠드와 샤토 라피트 로칠드를 인수할 즈음 최고의 전성기를 맞았다. 유럽에서 가장 영향력 있고 유명한 가문 중의 하나가 되었다.

다섯 아들 중 셋째인 나단(Nathan)과 다섯째 야곱(Jacob)이 가장 재능 있었다. 나단은 영국에 정착하고 야곱은 파리에 정착했다. 그리고 나단의 아들 나다니엘(Nathaniel)이 1853년 샤토 브랑 무통(Branne-Mouton)을 구입해 샤토 무통 로칠드(Chateau Mouton Rothschild)로 개명했다. 야곱은 15년 후인 1868년 샤토 라피트 로칠드를 인수했다.

(2) 완전한 균형의 와인

1811년을 기점으로 라피트 와인 품질이 향상되었다. 1815년 라피트 와인을 맛본 기욤 로턴(Guillaume Lawton)은 메독의 일등급 와인 중 라피트가 가장 우아하고 오묘한 맛을 지녔다고 극찬했다. 야곱이 인수한 1868년 이후 라피트는 더욱 품질이 좋아지고 맛이 깊어졌다.

2차 대전이 지나서 1960-1970년대에 들어서자 라피트 와인은 이미 옛날의 그 와인이 아니었다. 이즈음 라피트 와인은 포도 재배를 아무렇게나 하고, 포도 선별도 엄격하지 못해 품질이 형편없이 떨어졌다. 1960-1970년대 라피트 와인은 품질 면에서 2등급 와인이었다. 그럼에도 '라피트'라는 이름값 때문에 1등급인 Cru Classé로 판매되었다. 10년만 더 그런 식으로 생산되었다면 샤토 라피트 로칠드는 2등급 와인으로 전락하지 않을 수 없었다. 절체절명 위기의 순간이었다.

이런 라피트 와인을 다시 본궤도에 올려놓은 사람은 다름 아닌 에릭이었다. 에릭은 1976년 무랑 뒤 까루아드(Moulin Du Carruades)라는 세컨드 라벨 와인을 별도로 생산하면서 와인의 전체적인 품질을 높이는 데 성공했다. 그는 포도밭 관리에서부터 병입 후 유통판매에 이르기까지 와인의 전 과정을 혁신했다. 모든 과정에 이른바 제로섬(Zero Sum)과 유사한 개념을 도입해 처음부터 다시 점검하고 재평가하고 재관리했다.

라피트는 지난 몇십 년 동안 각고의 노력 끝에 옛 영광을 되찾았다. 무너지기 직전에 정신 차려서 노력한 것이다. 이처럼 개인이나 조직이 스스로 노력하지 않고 끊임없이 자기 계발하지 않으면 한순간에 무너질 수 있음을 샤토 라피트 로칠드가 귀감으로 보여 주고 있다.

뽀이약(Pauillac) 최북단에 위치한 라피트(Lafite)는 토양이 4m 두께의 두터운 석회암 자갈층으로 이루어져 있다. 라피트와 무통(Mouton)은 서로 비슷한 토질을 가졌지만 와인 스타일은 상당히 다르다. 이유는 블렌딩 차이에 있다. 라피트가 재배하는 품종의 비율은 까베르네 쏘비뇽 70%, 메를로 20%, 까베르네 프랑 10%지만 매년 작황에 따라 와인 블렌딩 비율이 달라진다. 예를 들면 75년산 라피트 Grand Vin에는 메를로가 24%였으나 1971년산에는 메를로가 10%였다. 라피트는 최근 들어 점점 까베르네 프랑보다 메를로를 더 많이 재배하고 있다.

와인 품질을 유지하기 위해 라피트는 생산량의 25-50%까지 파기하기도 한다. 평균 생산량은 연간 23,000상자다. 최대 생산능력은 45,000상자(1상자 = 12병)다. 이처럼 세심한 장인정신으로 생산한 와인은 산, 탄닌, 알코올이 적정 비율을 이루고 있어 오랜 생명력과 조화를 유지한다. 라피트는 1797년산 와인도 소장하고 있다고 한다.

이처럼 오랜 세월을 부침하면서 오늘에 이른 라피트 와인을 어느 와인 애호가는 이렇게 말했다. "라피트의 위대한 와인을 맛보지 못한 사람은 와인의 완전한 맛을 알 수 없다." 와인 평론가 시릴 레이(Cyril Ray)도 라피트 와인을 이렇게 평가했다. "완전한 균형(perfect balance)은 라피트 와인을 위해 존재한다. 라피트 와인은 와인의 모든 요소가 완전한 균형을 이루는 그 자체다."

샤토 라피트 로칠드의 일반 특성

품종	까베르네 쏘비뇽 70-75%, 메를로 10-20%, 까베르네 프랑 5-10%
맛과 향	우아하고 오묘한 맛이 난다. 섬세하고 신선한 과일 향이 계속 나며, 아몬드와 제비향이 묻어 있다. 장기 숙성이 가능하다.
생산지	뽀이약 〈 오메독 〈 보르도
와인타입	드라이 & 풀 바디 레드 와인
등급	그랑 크뤼 1등급(1ere Grand Cru Classe)
가격	2014 750㎖ 130만 원, 2017 750㎖ 1백만 원

6) 샤토 딸보(Château Talbot)

(1) 이름으로 성공한 부드러움의 대명사

프랑스 고급 와인 중에 딸보는 동양에서, 특히 우리나라에서 인기가 높다. 이유는 간단하다. 외우기 쉬워서다. 물론 맛과 품질이 좋은 것도 이유이긴 하지만, '딸보'라는 외우기 쉽고 간단한 이름이 톡톡히 상품 가치를 높여주고 있다.

이처럼 상품의 브랜드명이 그 기업이나 상품의 성패를 좌우하는 경우가 꽤 있다.

짧고 외우기 쉬운 '감성적인' 브랜드가 그 상품이나 기업의 성패를 좌우할 수 있다. 예컨대 우리나라 사람들이 유독 딸보를 좋아하는지에 대해 그 이유를 묻는다면 고개를 갸우뚱하지 않을 수 없다. 필자의 느낌을 솔직히 말한다면 대부분의 우리나라 사람들이 딸보를 좋아하는 이유는 그저 이름이 외우기 쉬워서다. 딸보 와인은 그 수준도 적절히 고급이고, 맛도 부드러운데다 외우기도 쉽다. 그러니 와인에 서툰 사람이 와인을 주문할 때면 딸보를 먼저 떠올리는 건 당연한 감성적 반응이다.

샤토 딸보

딸보는 지난 1970년대 국내 항공사의 국제노선 일등석을 타면 기내 서비스 와인으로 나와 인기를 얻었다. 딸보의 그 인기에 기름칠을 더한 사람이 히딩크다. 그는 2002년 월드컵 16강을 확정 지은 후 "오늘은 취하고 싶다."면서 마신 와인이 딸보 1998년산이었다. 그래서 우리나라에서 딸보가 더욱 유명해졌다.

(2) 톨버트 장군의 기여

와인 이름 딸보(Talbot)는 백년전쟁 때 영국 장군인 존 톨버트(John Talbot)의 이름에서 유래했다. 1820년 설립된 샤토 딸보는 1855년 그랑 크뤼(Grand Cru) 4등급으로 지정되었고, 1917년 꼬르디에(Cordier) 가문의 소유가 되었다. 포도원에서 재배하는 품목 비율은 까베르네 쏘비뇽 66%, 메를로 26%, 까베르네 프랑 3%, 쁘띠 베르도 5%다. 샤토 딸보는 수령 35년 된 포도나무에서 수확한 포도로 만들며, 보통 오크통에서 18-24개월 숙성한 다음 병입한다. 딸보 와인의 특징은 맛과 향이 풍부하고 부드러운 데 있다. 까베르네 쏘비뇽을 주품종으로 했음에도 적절히 쌉쌀하고 입안을 감치는 듯한 부드러운 느낌은 마셔 보지 않으면 느끼기 힘든 그런 맛이다. 그래서 샤토 딸보 와인의 맛을 평론가들은 보르도 그랑 크뤼 와인의 전형적인 맛과 향을 느끼게 해 주는 맛이라고 평한다.

샤토 딸보의 일반 특성

품종	까베르네 쏘비뇽 66%, 메를로 26%, 까베르네 프랑 3%, 쁘띠 베르도 5%
맛과 향	풍부하고 부드러운 맛이 특징이다. 잘 익은 자두와 까시스 등 붉은 과일 향과 깊은 오크향이 난다. 그랑 크뤼의 전통적인 맛을 느낀다.
생산지	쌩줄리앙 〈 오메독 〈 보르도
와인타입	미디엄 & 풀 바디 레드 와인
등급	그랑 크뤼 4등급(Bordeaux 1855 Classification)
가격	2015 750㎖ 16만 원, 2017 750㎖ 13만 원

7) 샤토 라투르(Château Latour)

(1) 기다림의 미학, 인내의 와인

샤토 라투르 와인은 기다림의 와인이다. 몇십 년이 지나도 변치 않는 고고한 의지와 품위로 라투르 와인은 시간이 지날수록 그 맛과 향을 더 깊게 한다.

애호가들은 라투르 와인을 보르도 와인 중에서 가장 견실한 와인으로 꼽는다. 마르고, 무통 로칠드, 라피트 로칠드 등이 견고한 면에서 정상을 달리긴 하지만, 라투르에 비할 바는 아니다.

샤토 라투르

라투르 와인은 평균 10-15년 이상 숙성을 거쳐야 부케(Bouquet) 향이 생성되고 거칠고 쏘는 듯한 맛이 없어진다. 육상선수에 비한다면 마라톤 선수다.

라투르의 장기 숙성은 와인의 생명력이 매우 길다는 얘기다. 라투르 와인은 보통 20-30년이 지나야 마시기 좋을 정도로 숙성된다. 때로는 수십 년이 지나도 더 숙성돼야 하는 게 아닌가 하는 생각이 들 때도 있다. 19세기 말의 빈티지, 특히 1863년과 1899년산 와인은 아직도 대단한 생명력을 갖고 있다.

(2) 숙성의 대명사

잘 숙성된 라투르 와인은 입에서 놀라운 감동을 주고, 그 느낌을 오래 가게 한다. 라투르는 한마디로 진한 맛과 긴 뒷맛을 주는 감동의 와인이다. 이런 감동을 느끼려면 당연히 장기간 인내하는 기다림의 미학이 요구된다. 필자도 오래전 고가의 라투르 와인을 마신 적이 있다. 묵직하고 진한 맛, 그리고 길게 남는 깊은 향은 너무도 인상적이었다. 라투르를 마신 후 다른 일반 와인을 마시니 싱겁고 맛이 없어서 한동안 고생했다. 필자는 이런 생각을 지울 수 없었다. "라투르 마시고 입맛만 버렸네…."

지롱드(Gironde)강에 인접한 샤토 라투르 와이너리는 골프공만 한 화강암 자갈이 많은 진한 갈색 흙으로 덮여 있다. 이 포도원은 햇볕과 강에서 부는 따뜻한 바람을 받아 오전 중간쯤이면 벌써 따뜻해 있다. 토양과 기후, 그리고 지질의 절묘한 조합이다. 그래서 라투르 포도원은 메독의 다른 포도원보다 4-7일 정도 더 빨리 수확한다.

샤토 라투르 와이너리

라투르 와인은 까베르네 쏘비뇽의 특성을 세계에서 가장 잘 표현한 와인으로 품평받고 있다. 라투르 와인의 세계적 명성은 지질학적 · 지리적 환경과 포도나무의 수령, 기후, 양조자의 양조 기술 등에 의해 얻어진 것이다. 샤토 라투르는 세컨드 와인으로 'Les Forts de Latuor'를 생산한다.

샤토 라투르의 일반 특성

품종	까베르네 쏘비뇽 75%, 메를로 20%, 쁘띠 베르도 5%
맛과 향	진한 루비색과 탄닌의 비중 있는 맛이 난다. 깊은 부케향과 더불어 긴 뒷맛을 남긴다.
생산지	메독 〈 오메독 〈 보르도
와인타입	풀 바디 레드 와인
등급	그랑 크뤼 1등급(1ere Grand Cru Classé)
가격	2017 750㎖ 120만 원, 2009 750㎖ 430만 원

8) 샤토 오브리옹(Château Haut-Brion)

(1) 명문 세가의 자부심

샤토 오브리옹 와이너리

지금도 경북 안동 지방에 가면 몇백 년의 전통을 이어가는 명문 세가들이 적지 않다. 퇴계 이황 가문이 그렇고, 서애 유성룡 가문이 그러하다. 와인에도 명문 세가가 있게 마련이다. 프랑스 와인의 첫 번째 명문 와인을 들자면 단연 샤토 오브리옹(Château Haut-Brion)이 손꼽힌다. 샤토 오브리옹 와인이 얼마나 유명하고 좋은 와인이었는지는 다음 사실에서 증명된다.

1855년 파리 만국박람회를 앞두고 보르도 1등급 와인 5개를 선정했다. 이 가운데 4개가 메독(Médoc) 지구 와인이었다. 그라브(Graves) 지구의 오브리옹만이 메독 지역 이외 와인으로 유일하게 선정되었다. 메독 와인이 휩쓸고 있는 상황에서 메독 이외 지역 와인으로 오브리옹만이 1등급에 선정됐음은 오브리옹 와인이 얼마나 명문 와인이었는지를 충분히 증명하고 있다.

(2) 정성의 와인

샤토 오브리옹 와인은 1등급 와인 중 으뜸으로 평가받고 있다. 샤토 오브리옹은 남다른 정성으로 와인 생산에 열중하고 있다. 그들은 포도나무 한 그루에서 6송이의 아주 좋은 포도만 골라 정성스럽게 가꾸어 수확한 다음 이 포도로 750㎖의 와인 한 병을 만든다. 결국 샤토 오브리옹은 한 병의 훌륭한 와인을 만들기 위해 포도나무 한 그루를 사용하고 있는 셈이다. 이런 정성으로 만든 와인이 최고의 와인으로 평가받는 것은 당연하다.

오브리옹 와인은 주품종이 메를로이므로 까베르네 쏘비뇽 와인보다 좀 일찍 마실 수 있는 와인이다. 또한 항상 균형과 자부심을 잃지 않는 와인이기도 하다. 그래서 약간 덜 숙성된 와인이라도 오브리옹 와인은 걱정 없이 마실 수 있는 와인이다.

샤토 오브리옹

덜 숙성되었을 때는 약간 독하긴 하지만, 부드러운 과일 향과 바이올릿향, 송로향이 난다. 오브리옹은 숙성되면서 색깔이 전형적인 적벽돌색이 되며, 그라브 와인의 특징인 흙내음도 난다. 숙성된 오브리옹 와인에는 시가, 블랙베리, 카모마일 등을 합친 복합적인 맛과 향이 난다.

또한 이국적이면서 우아한 부케가 오랫동안 입안을 압도하는 느낌을 준다.

1787년 프랑스를 방문한 미국의 토마스 제퍼슨은 오브리옹 와인을 극찬했다. 세계적으로 유명한 와인 작가 휴 존슨(Hugh Johnson)은 1983년 그의 저서《Modern Encyclopedia》에서 "무통(Mouton)에는 공명(共鳴, resonance)이 있고, 마르고(Margaux)는 화려한 색채감(coloratura)이 있다면, 오브리옹은 조화(harmony)가 있다."고 서술했다.

오브리옹은 3개의 샤토를 추가로 소유하고 있다. 즉 Château Haut-Brion(레드와 화이트 와인 생산) 이외에 Château La Mission Haut-Brion(레드와 화이트 와인 생산), Château Laville Haut-Brion(화이트 와인 생산), Château La Tour Haut-Brion(레드 와인 생산)이 그들이다. 샤토 라투르 오브리옹은 샤토 라 미숑의 세컨드 와인이다. 샤토 오브리옹은 세컨드 와인으로 샤토 바안 오브리옹(Château Bahans Haut-Brion)을 생산하고 있다. 그러니까 샤토 오브리옹에서는 세컨드 와인 2종을 포함해 화이트 와인 2종, 레드 와인 4종 등 모두 6종의 와인을 생산하고 있다.

샤토 오브리옹의 연평균 생산량은 13,000상자다. 재배 품종은 까베르네 쏘비뇽과 메를로, 그리고 까베르네 프랑을 각각 3분의 1씩 재배하고 있다. 그러나 블렌딩 비율은 매해 빈티지에 따라 조금씩 다르게 한다. 즉 각 품종의 작황 수준에 따라 메를로는 40-50% 사이, 까베르네 쏘비뇽은 30-50% 사이, 까베르네 프랑은 최대 15% 이하로 블렌딩해 와인을 만든다. 오브리옹은 또 쎄미용 50%, 쏘비뇽 블랑 50%의 비율로 화이트 와인 오브리옹 블랑(Haut-Brion Blanc)을 생산한다.

샤토 오브리옹의 일반 특성

품종	메를로 40-50%, 까베르네 쏘비뇽 30-50%, 까베르네 프랑 15% 이하
맛과 향	시가, 블랙베리, 카모마일 등을 합친 복합적인 맛과 향이 난다. 이국적이면서 우아한 부케가 오랫 동안 입안을 압도한다. 진한 적벽돌색을 낸다.
생산지	그라브 〈 보르도
와인타입	풀 바디 레드 와인
등급	그랑 크뤼 1등급(1ere Grand Cru Classé)
가격	2017 750㎖ 98만 원

9) 샤토 슈발 블랑(Château Cheval Blanc)

(1) 이류에서 일류로 성공한 자수성가 와인

샤토 슈발 블랑은 처음부터 일류 와인이 아니었다. 몇백 년에 걸친 부단한 연구와 품질 향상 노력 끝에 얻은 대가다. 개인이든 집단이든 하고자 하는 목표는 절대로 그냥 얻어지지 않는다. 투자한 만큼 얻는 게 세상살이의 기본원칙이다.

슈발 블랑의 역사는 1800년대부터 시작했다. 시간이 지날수록 슈발 블랑의 명성은 자꾸만 높아 갔다. 세계 1차 대전이 발발하기 전인 1893년, 1899년, 1900년에 매우 훌륭한 와인을 세상에 내놓아 와인 애호가들을 황홀하게 만들었다.

그리고 21년 후인 1921년에도 매우 훌륭한 와인을 생산했다. 1947년에는 슈발 블랑의 명성을 하늘 끝까지 올라가게 하는 와인을 세상에 선보였다. 1947년 빈티지 와인은 전무후무한 품질로서, 믿기 어려울 정도의 농도, 밀도, 풀 바디드 비중, 그리고 심지어 스위

샤토 슈발 블랑

트한 맛까지 있어 포르투갈의 포트(Port) 와인 같다는 표현이 나올 정도였다. 와인 전문가들은 이 1947년 빈티지 와인은 1세기에 한 번 나올까 말까 할 정도로 불멸의 와인이라는 데 이견을 달지 않았다.

2차 대전이 끝난 후에도 꾸준히 품질을 향상시켜 오늘날에는 샤토 뻬뜨뤼스나 샤토 오존과 같은 정상급 와인으로서 지위를 확고히 확립했다. 주인의식으로 정상급 와인으로 발돋움한 한 슈발 와인은 자수성가한 성공한 와이너리였다.

(2) 혹한을 극복한 백마의 와인

슈발 블랑을 또 한 번 유명하게 한 사건이 일어났다. 1956년에는 유럽에 매서운 혹한이 불어닥쳤다. 영하 24℃의 추운 날씨로 쌩떼밀리옹 지역의 포도나무가 거의 얼어 죽었다. 샤토 슈발 블랑(Château Cheval Blanc)의 소유주인 로삭(Fourcaud-Laussac)은 빈사상태인 포도나무들을 5년여에 걸친 피나는 노력 끝에 살려내 포도밭을 훌륭하게 부활시켰다. 이렇게 해서 샤토 슈발 블랑 와인은 더 유명해졌다. 1991년에는 기후가 불안정해 수확한 포도의 결실이 좋지 않았다. 그래서 슈발 블랑은 1991년 빈티지의 Grand Cru 와인을 생산하지 않았다. 대신 1988년 이후 만들어 오던 르 쁘띠 슈발(Le Petit Cheval)만 생산했다.

슈발 블랑은 '백마(White Horse)'라는 뜻이다. 이 샤토에 슈발 블랑이라는 명칭이 붙은 유래는 이러하다. 와인 애호가로 유명한 '와인 왕' 앙리 4세(Henri IV)가 파리에서 고향으로 가기 위해 가끔 포(Pau)라는 역사(驛舍)에서 말을 갈아탔는데, 그 역사 자리가 오늘날의 샤토 슈발 블랑이 들어선 자리다. 그런데 앙리 4세는 늘 백마를 타고 다녔으므로 그가 묵었던 이곳을 기념하여 슈발 블랑이라고 명명하게 되었다.

샤토 슈발 블랑의 포도 품종은 까베르네 프랑이 3분의 2, 나머지 3분의 1은 메를로다. 즉 슈발 블랑의 주품종은 까베르네 프랑이다. 따라서 와인 스타일은 강력하지만 거칠지 않은 특성을 나타내며, 부드럽고 우아한 맛을 느끼게 한다. 그리고 숙성될수록 신선하고 캐시미어처럼 부드러운 탄닌의 복합적인 향미가 진하게 나타난다.

샤토 슈발 블랑의 일반 특성

품종	까베르네 프랑 67%, 메를로 33%
맛과 향	부드럽고 케시미어 같은 매끄럽고 우아한 맛을 낸다. 균형 잡힌 부케가 긴 여운을 남긴다.
생산지	쌩떼밀리옹 〈 보르도
와인타입	풀 바디 레드 와인
등급	그랑 크뤼 1등급(1ere Grand Cru Classé)
가격	2015 750㎖ 150만 원, 2017 750㎖ 120만 원

10) 샤토 오존(Château Ausone)

(1) 자꾸만 침식하는 와이너리

샤토 오존은 가론강을 내려다볼 수 있는 높은 지역에 자리 잡고 있다. 샤토 오존의 현대 역사는 18세기 초부터 시작한다. 1718년 이후 깡드나(Jean Cantenat) 가문이 이 샤토를 소유하고 있다가 1808년 삐에르 깡드나(Pierre Cantenat)가 상속받았다. 그 후 깡드나의 조카 라파르게(Lafargue)에게 양도되었다. 라파르게에게 소유권이 넘어간 이후 샤토 오존은 눈에 띠게 발전했다.

샤토 오존은 보르도 정상 와인 포도원 중에서 규모가 가장 작은 7ha(약 2만 1천평)에 불과하다. 토양은 석회석과 찰흙이 섞여 있으며, 포도원 전체가 계곡 쪽으로 경사져 있다. 포도원 정상에서 아래로 내려갈수록 토양에 모래가 더 많이 섞여 있다. 그래서 와인 맛도 정상 부분의 포도로 만든 와인은 진한 농도와 감칠맛을 보이며, 아래쪽 와인은 엷은 맛이 난다. 이 포도원은 경사지에 있으므로 배수는 잘되지만 땅이 자꾸 침식하는 게 문제다. 정남향의 밭에 50년 가까운 평균 수령을 갖고 있는 나무들이 최적의 열매를 맺는 이상적인 조건을 갖추고 있다.

샤토 오존 와이너리

샤토 오존은 메를로 50%, 까베르네 프랑 50%를 재배하고 있다. 와인 맛은 전체적으로 진하지 않은 편이다. 영 와인일 때는 탄닌이 강하게 느껴진다. 맛이 완숙기에 들어가려면 적어도 15-20년의 숙성이 필요하다. 그때가 되어야만 샤토 오존은 붉고 검은 과일 향, 향신료 향, 그리고 광물성 느낌을 주는 끝없이 섬세한 맛을 드러내 보인다.

1975년까지 샤토 오존 와인은 매력적이고 우아한 와인이라는 평을 받았다. 오존은 강건한 와인이라기보다 순한 와인이라고 표현하는 편이 어울리는 와인이다. 1920-1930년대에 샤토 오존은 편한 즐거움을 선사하는 와인으로 인식되었고 1953

년까지 이런 스타일이 유지되었다.

1955년부터 1975년까지 샤토 오존은 작황이 좋은 해에는 명성에 어울리는 와인을 생산했으나, 그렇지 않은 해에는 다소 빨리 숙성돼 묽다는 느낌이 들었다. 1975년 이후 샤토 오존은 품질이 진일보했고, 특히 1978년 이후는 품질 향상이 뚜렷했다. 오늘날 샤토 오존은 농도와 감칠맛이 나고, 씹히는 듯한 식감이 좋으며, 신선하고 힘이 있는 보르도 1등급 와인으로 자신을 차별화하고 있다.

샤토 오존의 일반 특성

품종	까베르네 프랑 50%, 메를로 50%
맛과 향	감치는 듯하고 신선한 맛이 나지만, 전체적으로 진한 편은 아니다. 붉고 검은 과일 향과 향신료 향이 느껴진다.
생산지	쌩떼밀리옹 〈 보르도
와인타입	풀 바디 레드 와인
등급	그랑 크뤼 1등급(1ere Grand Cru Classé)
가격	2015 750㎖ 180만 원, 2017 750㎖ 130만 원

2. 뉴 월드 명품 와인

골프에서 우스갯소리로 "남의 불행이 내 행복"이라는 말이 있다. 와인 세계에서도 뉴 월드는 올드 월드의 불행을 틈타 세계 대열에 들어올 수 있었다. 올드 월드에서 신세계로 이민 온 와인 양조자들은 와인을 생산하려는 유혹을 차마 뿌리칠 수 없었다. 그러나 뉴 월드는 기후도 다르고, 토양, 토질이 달랐다.

유럽 본토에서 하던 방식대로 포도를 재배하고, 와인 양조도 유럽식을 그대로 모방해 봤다. 아무리 해 봐도 본토에서 만들던 그런 양질의 와인이 좀처럼 나오지 않았다. 그래서 뉴 월드 와인업자들은 이류 삼류 와인을 만드는 게 그들의 숙명인 것처럼 여겼다. 마음을 비우자 기회가 왔다.

19세기 말 유럽에 자연 재앙이 찾아들었다. 포도나무 뿌리를 갉아먹는 필록세라(Pylloxera, 뿌리혹벌레)가 창궐했다. 이로 인해 포도나무의 페스트(흑사병)라 불리는 노균병(Mildew)과 오이디움(Oidium)균이 유행병처럼 번졌다. 이 치명적인 병들은 유럽 포도나무를 무너뜨렸다. 특히 프랑스 보르도와 부르고뉴 등지의 와인 명산지가 쑥대밭이 됐다. 이런 자연 재앙이 겨우 진정된다 싶었더니 1·2차 세계대전이 발발해 와이너리 자체의 존립을 위태롭게 했다. 여기에다 영국을 비롯한 유럽 선진국들의 경기 후퇴로 와인 수요마저 급격하게 줄어들었다. 유럽 와인의 위기였다.

노균병에 걸린 포도송이

숨죽이고 살던 뉴 월드 와인이 이런 호기를 놓치지 않았다. 유럽 와인이 비틀거리는 동안 뉴 월드 와인은 그들의 떼루아르(Terroir)에 맞는 품종 개량, 양조 과정의 현대화, 과학적 관리, 새로운 시장 개척 등을 통해 세계 와인 시장에 그들의 이름을 올려놓는 데 성공했다. 가장 선도적 역할을 한 나라가 미국이다. 칠레, 호주, 남아공 등이 그 뒤를 따랐다.

그러나 그들의 성공은 1950년대 후반에야 겨우 가능했다. 지금은 유럽 와인과 대등하거나 우월한 신세계 와인이 있긴 하지만, 와인 품질과 명성은 여전히 올드 월드를 완전히 따라잡지 못한 상태다.

폴 케네디(Paul Kennedy)의 저서《강대국의 흥망(The Rise and Fall of the Great Powers)》에 따르면 19세기에 형성된 선진국 그룹이 지금까지 거의 변동하지 않았다. 일본이 20세기 초에 선진국 그룹에 신규로 들어온 것을 제외하고는 지난 2백년 동안 선진국 그룹에서 이탈한 국가도 없고 들어온 나라도 없었다. 21세기 들어

한국이 선진국 클럽에 정식으로 진입했다.[4] 선진국 진입이 그만큼 어렵다는 얘기다. 와인 세계에서도 이처럼 선진국 진입이 매우 어렵다.

와인 분야에서는 미국이 선진국 진입에 가장 근접해 있다. 미국이 와인 선진국으로 도약하는 데 과연 얼마나 많은 과정을 거쳐야 할지, 그리고 얼마나 많은 시간을 보내야 할지는 오로지 시간이 해결해 준다.

1) 미국 - 오퍼스 원(Opus One)과 몬다비(Mondavi) - 두 대륙이 합작한 꿈의 와인

캘리포니아는 원래 금광 발견과 골드러시로 발전한 곳이다. 금이 발견되지 않은 샌프란시스코 인근은 포도밭이 조성되었다. 그곳이 오늘날의 나파밸리(Napa Valley)와 소노마 카운티(Sonoma County)다.

토양과 기후가 좋은데다 주변에 샌프란시스코, 로스 앤젤레스 등 대규모 소비시장이 있었다.

로버트 몬다비(Robert Mondavi)는 동생과 함께 나파 벨리에서 값싼 저그 와인(Jug Wine)을 생산해 그런대로 재미를 보았다. 그러나 몬다비는 그런 상태에 만족할 수 없었다. 몬다비는 독립하기로 결심했다.

오퍼스 원

동생과 1965년 결별하고 1966년 나파 벨리에 로버트 몬다비 와이너리를 설립했다. 당시 미국 와인 시장은 저가 와인 위주로 형성돼 있었다. 몬다비는 반드시 고가의 와인 수요가 올 거라 예측하고 고가 와인 생산에 주력했다.

4) 2021년 7월 6일 유엔 무역개발회의(UNCTAD)는 한국의 지위를 개발도상국에서 선진국으로 정식 격상했다. 이로써 선진국 그룹(그룹 B) 회원국은 31개국에서 32개국으로 늘어났다. 한국은 그동안 아시아 · 아프리카 개발도상국들로 구성된 그룹 A에 속해 있다가 이번 조치로 선진국 그룹인 그룹 B로 지위를 격상해 변경했다.

그의 이런 시도는 몬다비 와인을 미국의 고가 와인 대명사로 만들게 했다.

몬다비는 처음부터 고가 와인에 대한 야심이 컸다. 그래서 1962년 이후 프랑스 등 유럽 여러 와인 생산지를 방문해서 유럽의 와인 양조방법과 경영기법을 배웠다. 그는 올드 월드의 전통과 뉴 월드의 기술을 접목시키고자 했다. 그의 이런 노력이 결실을 맺었다. 1978년 유럽 와인의 자존심인 샤토 무통 로칠드의 바롱 필립 로칠드와 로버트 몬다비가 50:50으로 합작, 몬다비 와이너리 건너편에 새 와이너리를 세웠다. 1980년 첫 와인이 생산되었다. 그리고 와인 브랜드명을 '오퍼스 원(Opus One, 작품번호 1번)'이라고 명명했다. 올드 월드가 가진 전통과 우아함, 그리고 뉴 월드가 가진 기술이 합쳐서 '꿈의 와인'을 만들어 냈다. 몬다비는 2008년 5월 향년 94세로 세상을 떠났다.

오퍼스 원은 맛과 품질 면에서 유럽의 정상급 와인에 뒤지지 않았다. 진한 풀내와 블랙 커런트향이 풍성하고, 탄닌이 녹아 부드러운 벨벳 같은 느낌을 주었다. 양조 방식은 보르도 방식처럼 2-3개 품종을 블렌딩했다. 매년 빈티지별로 블렌딩 비율이 조금씩 달라진다. 품종은 까베르네 쏘비뇽과 메를로를 주품종으로 하고 까베르네 프랑이 보조 역할을 한다. 또 스파이시 향을 내기 위해 말벡과 쁘띠 베르도를 1-3% 정도 더했다. 유럽 정상급 와인에 가장 근접한 와인이 바로 오퍼스 원이다. 이처럼 뉴 월드 와인도 유럽 우량 품종인 끼베르네 쇼비뇽을 중심으로 프랜차이즈화하는 경향을 나타냈다.

캘리포니아산 와인 중에 스태그 립(Stag's Leap) 와이너리가 생산한 캐스크(Cask) 23와인도 세계 정상급 와인에 비해 조금도 손색이 없다. 유럽 와인을 능가하는 뉴 월드 와인이 속속 출현하고 있다. 뉴 월드 와인이 전반적으로 유럽 와인을 앞서는 그날이 온다면, 그날은 와인 역사에 새로운 장을 여는 역사적인 날로 기록될 것이다. 인류역사가 동양에서 서양으로 기운 것은 고대 그리스가 페르시아 전쟁에서 승리한 데서 비롯됐다. 와인 세계에서도 뉴 월드의 그런 날이 찾아오기를 기대해 본다.

오퍼스 원의 일반 특성

품종	까베르네 쏘비뇽 40-50, 메를로 30-40%, 까베르네 프랑 5-10%, 말벡 & 쁘띠 베르도 1-3%
맛과 향	진한 흙냄새와 커런트 향이 난다. 부드러운 탄닌 맛이 난다. 진한 루비색과 묵직한 느낌을 준다.
생산지	나파 벨리 〈 캘리포니아 〈 미국
와인타입	풀 바디 레드 와인
가격	2016 750㎖ 90만 원, 2017 750㎖ 110만 원

2) 칠레 - 알마비바(Almaviva)
- 합작으로 이룩한 세계화

칠레는 천혜의 땅이었다. 기후가 일정하고 필록세라 병충해가 들지 않은 칠레는 와인에 관한 한 천국이었다. 이런 천혜의 땅을 유럽인들이 그냥 둘 리 없었다. 19세기 말 유럽에 필록세라 창궐로 와인 산업이 위기를 맞자 와인 생산업자들이 칠레로 몰려들었다. 이렇게 해서 칠레 와인 산업은 발전했다.

알마비바

1980년대에 들자 칠레 정부가 적극적으로 와인산업을 육성하기 시작했다. 자연적 천혜에 정부의 지원이 뒷받침되자 외국 기업들이 칠레 와인산업에 진출했다. 현지 와이너리와 유럽이나 미국 와이너리들이 합작형태로 손을 잡았다.

가장 대표적인 합작투자는 1997년 프랑스 보르도의 바롱 필립 드 로칠드와 칠레의 대표적인 와이너리인 비냐-꼰짜 이 또로(Viña Concha y Toro)의 합작이었다. 이들은 이듬해인 1998년 빈티지로 알마비바(Almaviva)라는 레드 와인을 시장에 선보였다.

알마비바는 모차르트의 오페라 〈휘가로의 결혼〉에 나오는 주인공 알마비바 백작의 이름을 따온 것이다.

비냐-꼰짜 이 또로는 보르도 와인의 대표라 할 수 있는 바롱 필립 드 로칠드와 손잡아 그토록 바라던 '명품 와인'을 생산할 수 있게 됐다. 알마비바는 보르도 와인이 칠레에서 생산된 거나 마찬가지인 와인이었다. 비냐-꼰짜 이 또로는 합작을 통해 보르도 정상급 와인을 양조하는 기술을 익히고 자사 와인을 세계적 와인으로 업그레이드시키는 데 성공했다. 합작을 통한 세계화는 그들이 선택할 수 있는 최선의 방법이었다.

알마비바는 유럽의 전통과 섬세함이 칠레의 자연 환경과 만나 탄생한 칠레 최고의 와인이자 세계화에 성공한 와인이다. 알마비바를 만들기 위해 그들이 들인 정성은 대단했다. 모든 포도를 100% 손으로 수확해 불량률 0%를 실현했다. 또 프랑스에서 수입한 오크통에 16개월간 숙성시켰다.

알마비바의 일반 특성

품종	까베르네 쏘비뇽 91%, 까베르네 프랑 3%, 까르메네르 5%
맛과 향	강한 탄닌과 균형 있는 바디감이 느껴진다. 블랙베리, 체리향, 바닐라향 등이 복합적으로 형성돼 있다.
생산지	마이뽀 벨리(Maipo Valley) 〈 칠레
와인타입	풀 바디 레드 와인
등급	원산지 표시 와인(Denominacion de Origen)
가격	2014 750㎖ 32만 원, 2017 750㎖ 33만 원

3) 호주 - 펜폴즈 그랜지(Penfolds Grange) - 불굴의 혼으로 빚은 걸작 와인

펜폴즈 그랜지

펜폴즈 그랜지 와인은 한 장인(匠人)이 역경을 무릅쓰고 집념 어린 혼으로 이뤄 낸 인간 승리의 와인이다. 막스 슈베르트(Max Schubert)는 1948년 호주 최대 와인회사인 펜폴즈의 양조 책임자(chief wine maker)로 부임했다.

그가 펜폴즈에 부임하던 시절만 해도 호주 와인은 평범한 중하급 와인으로 인식돼 명품 반열은 꿈도 꾸지 못한 때였다. 슈베르트는 보다 나은 와인 양조 기술 습득을 위해 유럽 연수를 계획했다. 1950년 그는 스페인 셰리 와인을 공부하기 위해 스페인을 들렸다가 귀향길에 프랑스 보르도를 방문했다.

귀국하자마자 행동에 들어갔다. 우선 포도 품종을 선택해야 했다.

프랑스 시라(Syra)를 현지화한 품종인 쉬라즈(Shiraz)가 떼루아르와 원료 공급성 등을 감안할 때 가장 적합한 품종이라고 판단했다.

어느 지역을 결정하느냐가 문제였다. 와인의 향과 특성을 살리기 위해 토양과 떼루아르가 쉬라즈 품종에 가장 적합한 지역을 골라야 했다. 수많은 포도원을 찾아다닌 결과 남부 호주(South Australia)의 바로사 계곡(Barossa Valley)의 펜폴즈 카리나 포도원이 가장 적합했다.

1950년 슈베르트는 실험용 그랜지 에르미따지(Grange Hermitage)를 처음 생산했다. 이 와인은 이상적인 블렌딩을 위해 펜폴드 그랜지 포도원과 서(西)알데레이드(Aldelaide)에서 좀 떨어진 개인 포도원 등 두 개의 포도원에서 수확한 쉬라즈 품종을 블렌딩해서 만들었다. 시험생산된 와인을 품평하기 위해 호주의 유명한 와인

명사들을 시드니에 초청했다. 결과는 대실패였다.

슈베르트는 이런 혹평에 동요하지 않고 해마다 그랜지 와인을 생산해냈다. 그러나 이 와인을 인정해 주는 사람은 거의 없었다. 슈베르트는 이 당시 그가 겪었던 모욕적이고 참담했던 상황을 1979년 회고에서 이렇게 말했다. "어떤 비평은 완전히 무례한 것이었고 끝없는 고통이었다."

시련은 여기서 끝나지 않았다. 해마다 혹평에 시달려온 펜폴즈 본사는 1957년 그랜지 에르미따지의 생산을 중단하라고 명령을 내렸다. 이유는 재고가 너무 쌓였고, 와인에 대한 혹평이 회사 이미지에도 손상을 줄 수 있다는 것이었다. 슈베르트는 생산을 그만둘 수 없었다. 회사가 공식적으로 재생산할 때까지 그는 비밀리에 그랜지 에르미따지를 계속 만들었다. 10년이 지나자 50년대 초에 만들었던 제품들이 어느 정도 숙성되었다. 그리고 그윽하고 깊은 맛이 여느 일반 와인과는 달랐다. 회사 측은 생산 중단을 철회하고 1962년에 시드니쇼(Open Claret Class in the Sydney Show)에 1955년 빈티지의 그랜지 에르미따지를 출품키로 결정했다. 이 쇼에서 그랜지 와인은 금메달을 수상했다. 그리고 슈베르트가 1975년 은퇴할 때까지 이 와인은 50개가 넘는 상을 받았다. 그는 1994년 79세의 나이로 사망했다. 그러나 그의 혼은 생전에 탄생시킨 펜폴즈 그랜지 와인에 그대로 녹아들어 생명을 유지하고 있다.

펜폴즈 그랜지 와인은 오랜 숙성 기간을 통해 원숙한 맛과 향을 내는 와인으로 최소한 15-20년의 숙성을 거쳐야 절정의 맛을 낸다. 1950년대에 미운 오리 새끼로 태어난 펜폴즈 그랜지는 어느덧 화려한 백조가 되어 하늘 높이 비상했다.

펜폴즈 그랜지의 일반 특성

품종	쉬라즈 100%
맛과 향	식감이 화려하고, 블랙베리와 모과향이 전체적 아로마를 형성한다. 원숙한 탄닌이 조밀하고, 달콤함도 느낄 수 있다.

생산지	바로사 계곡 〈 남호주
와인타입	풀 바디 레드 와인
등급	품종 표시 와인(Varietal Wine)
가격	2009 750㎖ 150만 원

6장

호스트와 게스트

레스토랑이나 바에서 고민하는 것이 와인의 가격대이다. 와인 가격은 대체로 주문하는 음식 값과 비슷한 수준이면 무난하다. 예를 들어 5만 원짜리 세트 메뉴를 주문하면 와인도 5만 원 안팎의 것으로 주문하면 된다. 물론 특별한 경우는 그 상황에 맞게 주문하거나 미리 와인을 준비하는 게 좋다.

와인 만남은 비(非)매너 행위를 아주 싫어한다. 격식을 갖추어야 하는 자리에는 산뜻한 매너와 상대에 대한 배려가 필수적이다. 호스트가 돈 자랑하려고 레스토랑에서 제일 비싼 와인을 시킨다면 분위기를 망친다. 와인 자리는 화기애애한 분위기가 가장 중요하다. 그 자리는 매우 부드럽고 유익한 분위기가 조성돼야 한다. 어느 일방이 매너 없는 행동으로 분위기를 흐려놓아서는 안 된다. 와인 만남은 대개 만찬이나 식사와 더불어 이루어진다. 테이블 매너가 매우 중요하다. 그리고 그 중심에는 와인이 있다.

와인 자리는 참석자 모두에게 매너와 에티켓을 지키는 걸 제1원칙으로 한다. 호스트나 초대받은 사람들 각자가 자신의 입장에서 지켜야 할 역할과 예의를 꼭 지켜야 한다. 혹시 잘 몰라서 실수했다면 그 즉시 실수를 인정하고 참석자들의 양해를 구하는 것이 최선의 방법이다. 괜시리 시침 떼고 딴전 부리면 더 큰 실수와 무례를 범한다. 와인 만남에는 주최자로서 그 자리를 주도해야 하는 호스트 행위(Host Activity)와 초대된 사람이 지켜야 하는 게스트 행위(Guest Activity)가 있다. 각자 자신의 역할을 잘 지켜 나가는 게 그 자리를 더욱 빛낼 수 있다.

와인 중독 알아보는 몇 가지 증세

1. 다른 술병을 봐도 밑바닥(Punt)이 움푹 파였나 하고 만져 본다.

2. 주스나 생수를 마실 때도 잔만 잡으면 습관적이고 무의식적으로 뱅뱅 돌린다.

3. 물을 머금어도 입속에서 돌리고, 공기를 들이켜도 얼마간 머금고 있다가 넘긴다.

4. 평소 대화에 와인용어가 자주 등장한다. 예컨대,
   "너 썰렁한 유머는 Finish가 참 길구나."
   "저 여자는 참으로 Full-bodied 해 보여."
   "이 떡볶이는 Decanting을 좀 시켜야겠어."
   사람 나이를 물을 때 "그 사람 몇 년도 Vintage냐?"고 묻는다.

5. 옷장에 숨겨둔 애장(愛藏) 와인을 아침저녁으로 보면서 "아구, 귀여운 내 새끼들…." 하고 애지중지한다.

6. 할증시간에 택시 타고선 "에이… 칠레 와인 하나 날아갔군." 하고 생각한다.

7. 예전에는 공항 면세점에서 위스키나 꼬냑 중에 어떤 걸 살까 고민했다. 이제는 그쪽은 보지도 않고 와인 코너로 직행한다.

8. 예전에는 위스키/꼬냑의 가격이 100달러가 넘어가면 "와! 비싸다!" 하고 주머니 사정을 생각했다. 이제는 200달러짜리 와인이 있어도 "와! 싸다. 없어지기 전에 빨리 사자." 하고 덥석 산다.

9. 레스토랑에서 메뉴를 보면 '와인 리스트'가 있는 뒤쪽부터 먼저 본다.[5)]

---

5) 2018. 8. 와인 애호가 신성호 작성

1. 호스트(Host) 행위

1) 행사 형식과 수준

호스트는 먼저 행사가 어떤 형식과 수준을 가질 것인지에 대해 결정한다. 행사 형식과 수준에 따라 준비하는 와인도 달라진다. 행사 형식과 수준은 참석자의 성격에 따라 대체로 세 종류로 구분된다. 첫째는 서로 친숙한 관계여서 가볍게 만나는 상황이다. 처음부터 메인 요리에 맞는 와인을 한 가지만 준비하면 된다. 대개 레드 와인이 준비된다. 둘째는 어느 정도 품위와 격식을 차려야 하는 자리다. 이 경우 식전주(Apertif)용으로 샴페인이나 드라이 셰리(Sherry) 와인을, 그리고 메인 요리용으로 레드 와인 등 두 가지 와인을 준비하는 게 일반적이다. 세 번째는 특별한 행사로 상대에게 감동을 주고 싶은 그런 상황이다. 이런 때는 리셉션용, 식전주용, 메인요리용, 디저트용 등 네 가지 이상의 와인을 준비해야 한다. 즉 식사 흐름에 맞추어 와인도 그에 맞게 나오는 게 순서다.

2) 비용보다 정성이 우선

행사 장소가 어디이든 호스트의 정성이 얼마나 깃들어 있느냐에 따라 상대방에게 깊은 인상을 심어 준다. 흔히들 귀중한 손님을 초대하면 당연히 비싼 와인을 대접해야 하는 걸로 생각한다. 그래서 AOC급 가운데서도 정상급 그랑 크뤼(Grand Cru) 와인을 골라야 하는 걸로 알고 있다. 물론 고급 와인을 대접해서 나쁠 건 없다. 그러나 상대는 그런 고급 와인보다 호스트의 정성이 담긴 와인에 더 감동한다.

고급 와인 위주의 와인 준비는 자칫 그 행사를 돈만 번드레하게 들이고 성의는 별로 없는 형식적인 자리로 만들 수 있다. 그래서 돈만 많이 들여서 준비할 게 아니라, 그 상황에 맞는 와인을 정성스레 준비하는 게 훨씬 의미가 있다.

예를 들면 초청받은 상대가 미국 서부 지역의 비즈니스맨이라면 나파 밸리(Napa Valley) 품종 와인(Varietal Wine)인 몬다비(Mondavi) 레드 와인으로 그 자리를 장식하면 그는 틀림없이 감동할 것이다. 호스트는 그를 위해 이 와인을 특별히 준비했다고 서두에 얘기하면 그는 무척 고마워하고 호스트의 정성에 감복할 것이다.

또 상대방이 예를 들어 1980년생일 경우 1980년산 와인으로 테이블을 장식하면 아마도 그 와인 자리는 더없이 빛나고 감동의 자리가 될 것이다. 결국 만남은 상대방에 대한 배려와 관심에서 출발한다.

무식이 낳은 비극

꽤 오래전 프랑스 파리에서 실제로 있었던 사건이다. 어느 대기업 파리 지사 주재원의 얘기다. 이 주재원은 파리에서 비즈니스를 할 때 와인을 함께하는 자리가 아니고서는 성과를 거두기 힘들다는 걸 알게 됐다.

하루는 부부가 비즈니스 상대들을 집에 초청했다. 부부는 그들에게 얼마나 정성을 들여 대접하는지를 보여 주고 싶었다. 와인 테이블을 정성스레 세팅하고 좋은 와인을 마련했다. 와인도 격식에 맞게 식전 와인, 메인 요리 와인, 디저트 와인 등 세 가지를 준비했다.

그런데 처음부터 참석자들의 표정이 좋지 않았다. 분위기가 서먹서먹해서 그렇겠거니 하고 부부는 더 열심히 그들에게 서빙했다. 다음 날 상담을 그만두겠다는 연락이 왔다. 부부에게는 청천벽력이었다. 집에 초청까지 해서 정성을 다했는데 상담을 그만두겠다니 그 영문을 몰랐다.

며칠 후 다른 주재원이 이유를 알아 왔다. 집에서 와인을 대접할 때 레드 와인 잔에 화이트 와인을 따르고, 화이트 와인 잔에 레드 와인을 따랐다는 이유였다. 와인에 대해 기본도 모르는 사람하고 상담해 봤자 기대할 게 없다는 평가였다.

문제는 여기서 그치지 않았다. 소식을 들은 본사가 이 주재원을 소환했다. 와인 매너를 잘 몰라 제대로 힘도 써 보지 못하고 소환령을 받은 이 주재원은 두고두고 와인 매너에 자신이 무지했던 걸 후회했다. 그러나 버스는 이미 지나간 뒤였다.

와인 만남은 또한 상대에 대한 철저한 분석과 치밀한 사전 준비가 선행돼야 한다. 비즈니스 상담이나 협상이 걸린 중요한 자리라면 더더욱 사전에 철저한 준비가 이뤄져야 한다. 철저한 사전 분석과 준비가 부족하면 상대방은 호스트의 성의가 부족하다고 느낀다. 이렇게 되면 상담은 호스트의 의도대로 잘 이뤄지지 않는다. 특히 서로 협상할 내용이 많을 때는 사전 준비를 철저히 해야 한다.

Host Tasting 유래

지금은 호스트가 손님들에게 좋은 와인을 정성스럽게 준비했다는 에티켓으로서, 와인을 먼저 맛봐서 맛이 변하지 않았나 확인하는 게 호스트 테이스팅이다. 그러나 이 호스트 테이스팅이 처음에는 에티켓으로 시작된 게 아니었다. 중세 시절 서양에서는 호스트와 손님이 서로를 믿지 못해 음식과 와인에 독이 들어 있지 않나 하고 의심했다. 그래서 테이블 위에 놓인 모든 음식을 호스트가 먼저 맛봐서 이상이 없다는 걸 보여 줘야 했다.
당연히 테이블 위에 놓인 와인도 호스트가 먼저 맛을 봐야 했다. 혹시 독이 들어 있지 않나 하고 의심하는 손님들에게 "이 와인은 독이 들어 있지 않으니 안심하고 드십시오."라는 표식으로 호스트 테이스팅을 했다. 세월이 지나 사회가 안정되고 와인 자체를 즐기는 와인 문화가 보편화되었다. 이제는 호스트가 손님들에게 자신의 정성을 표시하는 하나의 과정으로서 호스트 테이스팅이 정착되었다.

3) 와인 선택

어떤 와인을 준비하느냐 하는 건 사실 상당히 어려운 일이다. 수천수만 가지의 와인 중에 그 자리에 딱 맞는 와인을 고른다는 게 여간 어려운 일이 아니다. 그러나 상황에 맞는 와인을 선택하는 데 참고할 만한 몇 가지 기본 요소들은 있다.

(1) 상황적 의미를 창출할 수 있는 와인

상황에 맞지 않는 와인 선택은 분위기를 썰렁하게 한다. 모든 만남에는 그 자체로서 목적이 있다. 와인은 이 목적에 최대한 맞게 선택해야 한다. 만일 어느 기업 경영자가 창업 30주년을 맞았다고 가정해 보자. 그를 초대한 호스트는 그의 창업 연수를 기억하고 30년 된 와인을 구해서 축배를 들면 그 경영인은 마음속으로 엄청 고마워할 것이다. 이처럼 와인 자리에서 와인을 선택할 때는 그 상황에 맞는 와인을 찾는 것이 생각보다 중요한 의미를 갖는다.

또 상대방 출생연도가 1995년이라면 1995년 빈티지의 와인을 준비한다면, 그 자리가 더욱 빛날 것이다. 1995년 빈티지 와인은 구하기 어렵고 가격도 비쌀 것이 틀림없다. 그래서 상대는 자신을 위해 호스트가 이처럼 정성과 호의를 베푸는 데 대해 남다른 감동을 느낄 것이다. 와인 자리는 이처럼 상대에 대한 배려와 호의, 그리고 정성이 좌우한다.

(2) 참석자 취향에 맞는 와인

아주 귀한 와인을 구해서 그 자리에 내놓았다고 해서 항상 찬사를 받는 건 아니다. 와인에 친숙하지 않은 사람에게는 정통 레드 와인 맛이 텁텁하고 쓰기만 하다. 또 와인이라 하면 옛날 집에서 소주에 설탕 넣고 담근 달달한 포도주를 연상하는 사람에게 텁텁하기만 한 까베르네 쏘비뇽(Cabernet Sauvignon) 와인은 분명히 맞지 않다.

상대의 와인 취향과 수준이 어느 정도인지를 먼저 파악하고 그에 맞는 와인을 선택해야 한다. 비싸고 좋은 와인이라야 반드시 그 자리를 빛내지는 않는다. 만원 안팎의 값싼 와인이 오히려 더 좋은 분위기를 창출할 수 있다.

이래서 와인 서비스는 좌중의 분위기나 참석자의 취향 등을 고려하는 센스와 재치가 있어야 한다. 비즈니스는 상대방의 마음을 읽어 내고 그 사람으로부터 감동을 얻어 내는 게 중요하다.

2. 게스트(Guest) 행위

와인 매너의 기본은 상대방에 대한 배려와 존중에 있다. 그래서 와인 매너의 3원칙으로 상대방에 대한 배려(Attitude), 상대방에 대한 존중(Tolerance), 철저한 주인의식(Host Initiative)을 든다.

철저한 호스트 의식의 발휘는 상대방을 존중하는 가운데 자신의 정성과 우의를 표현하는 데 매우 유용한 수단이 된다. 철저한 준비와 치밀한 진행 아래 호스트가

주인의식을 적극적으로 발휘한다면 그 자리는 단순한 친목 차원을 넘어선 어떤 의미 있는 가치를 창출한다. 이런 호스트는 참석자들로부터 능력을 인정받음은 물론 존경심까지 얻는다.

호스트 테이스팅은 와인의 이상 유무를 확인하고 참석자들에게 즐거움을 주고자 하는 와인 매너의 한 과정이다. 원래 테이스팅은 상대방에게 이 와인은 아무런 해가 없는 안전한 술임을 호스트가 입증한다는 의미에서 시작됐다. 그러나 이제는 그런 의미보다는 와인의 맛이 어떤지를 먼저 확인해 참석자들에게 좋은 와인을 마시도록 해 주는 와인 매너로 정착됐다.

그래서 공식적인 와인 자리에서는 호스트가 꼭 와인 테이스팅을 하는 게 와인 매너다. 호스트가 와인 테이스팅을 하지 않거나 다른 사람에게 넘기면 참석자들에게 실례가 된다. 그리고 호스트는 반드시 와인을 주문할 때 자신이 와인 선택을 결정해서 주문해야 한다. 어떤 호스트는 와인 고르기를 다른 사람에게 맡기기도 한다. 그러나 이것은 호스트로서 역할을 등한시하는 행위다. 와인 선택에 자신이 없다면 소믈리에(Sommelier)나 주변의 의견을 들은 다음 최종적으로 호스트 자신이 해야 한다.

날짜가 예약된 행사에도 호스트가 직접 식사와 와인을 선택해서 결정하는 것이 좋다. 대충 아랫사람에게 맡기기보다는 호스트 자신이 직접 챙겨야 한다. 레스토랑에 미리 연락해 식사 메뉴와 와인 리스트를 받아서 행사 성격에 맞는 식사와 와인을 선택해야 한다. 이렇게 함으로써 호스트는 상대방에게 존중(Tolerence)과 배려(Attitude)를 아끼지 않는 철저한 주인 의식(Host Initiative)으로 봉사하게 된다.

1) 테이스팅 방법과 절차

(1) 와인 라벨 확인

소믈리에가 갖고 온 와인이 주문한 것과 같은 것인지 확인하는 단계다. 통계에 따르면 주문한 와인의 약 20%가 실제 주문한 것과 다르게 나온다고 한다. 가장 많은 실수는 같은 브랜드의 다른 품종이 나오거나 빈티지가 다른 경우다. 라벨 확인이 끝나면 소믈리에가 코르크(Cork) 마개를 따서 호스트에게 건네준다.

(2) 코르크 확인과 와인 맛 확인

코르크가 젖어 있는지 확인한다. 말라 있으면 코르크가 건조해져 병 속에 필요 이상의 공기가 들어가 와인을 상하게 할 수 있다.

코르크를 확인하고 나면 소믈리에가 글라스의 6분의 1정도를 호스트에게 따라 준다. 호스트는 우선 잔을 들어 색깔을 관찰하고, 그다음 잔을 천천히 몇 번 돌리고 나서 잔 속에 코를 가만히 넣어 냄새를 맡는다. 곰팡이 냄새가 나거나, 신 냄새가 나면 변질했다는 증거다.

코르크 마개가 와인을 오염시킨다

와인을 따면 향긋한 와인 냄새가 호스트의 마음을 행복하게 한다. 그러나 드물게 마개를 딴 와인에서 곰팡이 냄새나 썩은 냄새가 날 때가 있다. 이런 냄새는 와인이 변질돼 나는 냄새다. 그런데 와인 변질의 원인이 코르크 마개일 때가 적지 않다.

코르크 마개 때문에 변질되었을 때 'corked'라고 말한다. 모든 와인의 최대 10%가 코르크 마개에서 나오는 화학물질인 트리클로로아니솔(Trichloroanisole)이라는 미세분자 때문에 맛이 상하는 것으로 알려졌다. 이 비독성(非毒性) 물질은 화학적 성향이 매우 강해서 소량이라도 와인에 곰팡이 냄새를 나게 한다.

코르크가 와인 변질의 주원인으로 밝혀지자, 최근 들어 세계 각지에서 와인 마개를 알루미늄 마개로 대체하려는 추세가 늘고 있다. 얼마 전까지만 해도 싸구려 술에나 쓰였던 알루미늄 마개가 이제는 고급 와인에 적용되고 있다. 유명한 샤블리 와인이 알루미늄 마개를 사용하고 있다.

영국 최대의 와인 소매업체인 테스코 슈퍼마켓 체인도 최고급 와인 중 일부에서 코르크 마개를 없앴다. 뉴질랜드·호주·미국 등지의 많은 최고급 와인 업체들도 전통적인 코르크 마개 대신 돌려 따는 마개나 플라스틱 마개를 채택했다. 최근에는 보르도의 유명 와인 업체들도 마개 변경을 고려 중이라고 한다.

하여간 와인 마시는 자리에서 코르크 마개를 능숙하게 따는 호스트의 매너가 좌중을 사로잡을 수 있음은 부인할 수 없는 사실이다. 그러니 마개를 땄을 때 언제나 황홀한 향취가 코속으로 들어오길 기대해야겠다.

(3) 입으로 맛을 확인

입안에 와인을 한 모금 넣어 맛을 본다. 이 단계에서 만족스러우면 소믈리에에게 좋다는 말을 하거나 고개를 끄덕여서 만족을 표시한다. 그리고 손님들에게 와인을 따르도록 한다.

(4) 여성부터 먼저 따른다

따르는 순서는 여성이 있으면 먼저 따르게 한다. 그다음에 남자 손님 잔에 따르게 한다. 호스트는 어떤 경우에도 맨 마지막에 잔을 채워야 한다.

(5) 호스트 건배 제의

다 따른 잔을 들고 호스트가 건배 제의를 한다. 잔을 부딪칠 때는 잔의 가운데 볼록한 부분(Bowl)을 15° 정도 비스듬히 해서 살짝 대는 것이 좋다. 비스듬히 대면 소리가 맑고 안전하다. 건배할 때는 상대의 눈과 마주친다.

이런 과정과 절차는 너무 오래 걸리지 않고 자연스럽게 이뤄져야 한다. 테이스팅한다고 손님들을 오래 기다리게 하거나 싫증나게 하면 실례가 된다. 호스트 테이스팅은 와인이 주문한 와인과 맞는 건지 아닌지를 확인하는 과정이다. 테이스팅은 와인이 호스트 자신의 입맛에 맞는지 아닌지를 확인하는 것임을 인식하는 게 중요하다.

만약 와인이 변질됐다고 판단될 때는 소믈리에를 조용히 불러서 변질을 확인토록 하고 다른 와인으로 바꾸는 게 상식이다. 큰 소리로 호통치거나, 한참 마시고 나서 교체를 요구하면 와인 매너에 어긋난다. 이런 진상 고객은 뒤에서 손가락질당한다.

소믈리에는 손님의 매너를 보고 고객의 수준을 판단한다. 와인 테이블에서 세련된 매너가 상대방에게 신뢰감을 주고 좋은 인상을 남기게 된다.

2) 게스트(Guest) 행위

와인 모임에 초대받아 가는 건 어떤 의미에서 볼 때 호스트보다 더 어려운 자리일 수 있다. 초대받는 자체가 자신에 대한 상대방의 대단한 관심 표현이기 때문이다. 더구나 중요한 계약 체결이나 협상을 앞둔 자리라면 이 자리는 접대하는 쪽보다 받는 쪽이 더 어려운 자리가 되기 쉽다. 이런 자리일수록 와인 매너가 더욱 요구된다.

중요 자리에서는 대개 풀코스 만찬과 그에 따르는 와인이 제공된다. 이런 때를 대비해 와인과 식사에 대해 어느 정도 사전 지식을 알고 있는 게 바람직하다. 초대받은 입장으로 와인 매너를 알아보자.

(1) 모르면서 아는 체하지 마라

와인 자리에서는 자신이 알고 있는 것 이상으로 떠벌이거나 만물박사인 것처럼 처신하는 건 매너에 어긋난다. 알고 있는 만큼만 얘기하고 더 이상은 잘 모르니 경청하겠다는 태도가 훨씬 솔직하고 겸손한 태도다. 이런 진실한 마음가짐은 호스트에게 오히려 성실함으로 인식돼 호감을 살 수 있다. 겸손과 예의는 와인 매너의 알파와 오메가다.

와인 비즈니스 자리에서 흔히 일어날 수 있는 문제가 '문화적 충돌'이다. 계약 직전 단계의 상담이 와인 만찬 자리에서 일어난 문화적 차이로 그만 깨지는 사례도 실제로 일어난다. 식사하는 자리서 그리고 와인을 마시는 과정에서 서로 이해 부족이나 몰매너로 상대방을 불쾌하게 만드는 건 그야말로 불행한 일이다. 특히 와인 매너는 까다로워서 제대로 알지 않으면 실수하기 쉽다.

예를 들면 프랑스인들은 음식이 맛이 없거나 와인이 입에 맞지 않으면 '맛이 없다'고 표현하지 않고 '내 입맛에 맞지 않는다'고 말한다. 비록 내 입맛에 맞지 않더라도 이 자리를 마련한 상대방의 노력과 헌신에 대해 '존중하는 마음'을 가진다는 의미다. 그들은 좋은 음식이나 와인을 맛보면 이구동성으로 훌륭하다는 찬사를 아끼지 않는다. 또 이탈리아인들은 맛있는 음식을 먹으면 손가락을 입에 대고 뽀뽀하는 동작을 보인다. 뽀뽀할 만큼 맛이 좋다는 표현이다. 유럽인들의 이런 적극적인 표현은 호스트에게 접대한 보람을 느끼게 해 준다.

서양에서 와인은 원래 식사하면서 마시는 알코올음료다. 그래서 와인은 대개 식사와 함께 마신다. 따라서 와인 매너를 알려면 서양 음식 문화에 대해서도 정통하지 않으면 안 된다. 와인만 알아서는 부족하고 서양 문화의 기본인 음식 문화까지

섭렵하는 것이 좋다. 이럴 때 와인 만남은 한 차원 더 높은 도약을 하게 된다.

(2) 과도한 스월링과 코박기는 금물

가끔 이런 경우를 볼 때가 있다. 와인 잔을 시도 때도 없이 계속 돌리고 있는 장면을 말함이다. 와인 잔을 돌리는 것, 즉 스월링(swirling)은 와인의 맛과 향취를 보다 많이 드러내기 위해 와인을 흔들어 깨우는 역할을 한다. 그러므로 와인 잔을 두세 번 조용히 돌려서 잠든 와인을 깨우는 것으로 족하다. 그런데 어떤 이들은 마치 자기가 와인을 좀 안다는 척을 하기 위해 남들 보랍시고 밑도 끝도 없이 잔을 계속 돌린다.

과도한 잔 돌리기

그 행위가 주위 사람들에게 불안감과 혐오감을 준다. 와인 자리에서는 뭐든지 주변에 부담을 주는 튀는 행동은 금물이다.

그런데 그는 날 좀 봐 달랍시고 잔을 계속 뱅뱅 돌린다. 그것도 잔 돌리는 방향을 몰라 거꾸로 돌린다.

잔을 제대로 돌리는 방법은 왼손으로 돌릴 때는 시계방향으로, 오른손으로 돌릴 때는 시계 반대 방향으로 돌려야 한다. 와인을 쏟았을 때 와인이 밖으로 흘러나가지 않도록 하기 위함이다.

어쨌든 과도한 스월링은 초보자들이 범하기 쉬운 실수이니 주의하는 게 좋다. 뉴욕 비즈니스계 유대인들은 와인 잔을 돌리는 것을 보고 그 사람과 비즈니스를 할 것인지 여부를 결정한다고 한다. 만약 거꾸로 돌리면 그날로 그 사람과는 거래

끝이다.

와인 향미를 확인하기 위해 와인의 냄새를 맡는 게 필요하다. 그러나 본인이 와인을 테이스팅하는 소믈리에가 아닌 한 과도하게 코를 박고 오버액션하는 것은 에티켓에 어긋난다. 향미를 확인하려면 가만히 그리고 점잖게 코를 잔 안에 조금만 넣어서 맡으면 된다. 남에게 보이고자 코를 잔 깊숙이 들이박고 킁킁거리는 건 몰매너에 해당한다.

(3) 첨잔을 거절할 때는 립 부분에 손가락을 가져다 댄다

맥주 마실 때는 첨잔이 환영받지 못하지만, 와인은 첨잔이 기본이다. 첫 잔을 글라스의 가장 볼록한 부분인 보울(bowl)까지 따랐다가 4분의 1 정도 남았을 때 호스트가 보울까지 첨잔해 주는 게 원칙이다. 그런데 더 마시는 것을 사양하고 싶다면 글라스의 맨 윗부분인 립(lip)에 손가락을 조용히 갖다 대면 된다. 이를 손으로 립 부분을 뚜껑 덮듯이 덮는 것은 상대방에 대한 예의에 어긋난다. 돌출행위는 와인 만남에서 비매너로 낙인찍힌다.

7장

와인을 우아하게 마시려면

1. 지나친 격식은 오히려 분위기 해쳐

와인 세트

보지 않았으면 좋았을 법한 장면을 가끔 볼 때가 있다. 꼬냑이나 와인을 '원샷'으로 벌컥벌컥 마시는 그런 광경이다. 술을 마시는 데 특별히 정해진 규칙이나 강제 사항이 있는 건 아니다.

그렇지만 술 종류에 따라, 마시는 장소에 따라 지켜야 할 방법이나 에티켓은 있다.

대체로 맥주나 막걸리, 소주 등 알코올 도수가 비교적 약한 곡주는 자기가 마시고 싶은 만큼 적당하게 마시면 된다. 위스키, 고량주, 안동소주 등 도수가 강한 곡주는 'on the rocks'로 마시거나 한 잔을 조금씩 몇 번에 걸쳐 마시는 것이 바람직하다.

그러나 와인이나 꼬냑 등 브랜디류를 마실 때는 곡주의 경우와 다르다. 우선 꼬냑은 우리나라 주당들이 버릇처럼 하는 '원샷'을 하면 안 된다. 이유는 모든 과실주의 경우 그 맛을 음미하면서 마셔야 제격이기 때문이다. 꼬냑은 먼저 잔에 부은 다음 코로 향을 느끼고 천천히 조금씩 마시는 게 올바른 방법이다.

꼬냑을 'Hand-warm Wine'이라고 한다. 이 말은 꼬냑 잔을 손으로 감싸서 손의 따뜻한 열로 데워서 마신다는 그런 의미다. 즉 꼬냑은 상온 상태에서 조금씩 그 깊은 맛을 음미하면서 마시는 술이다. 그래서 꼬냑 잔은 가운데가 유난히 볼록해서 손으로 감싸기 좋게 만들어 놓았다. 꼬냑은 또 얼음이나 물을 타지 않고 원액 그대로 마셔야 꼬냑의 향미 있고 화려한 맛을 느낄 수 있다. 꼬냑에는 아무것도 타지 않아야 한다.

예외가 있기 마련이다. 이웃 일본이나 동남아, 중국 등지에서는 꼬냑에 얼음이나 물을 타서 마신다. 아마도 더위 때문에 그렇지 않은가 싶다. 일본에 가면 우리나라 소주에 물이나 우유를 타서 마시는 걸 볼 수 있다. 우리가 보기에는 좀 우스꽝스런 광경이지만, 일본인 입장에서 보면 술을 부드럽게 마시려는 게 아닌가 싶다.

꼬냑(Cognac)과 알마냑(Armagnac)

꼬냑과 알마냑은 모두 화이트 와인을 증류해서 만든 브랜디다. 만드는 방법은 둘 다 똑같다. 꼬냑은 프랑스 중서부 꼬냑 지방에서 생산된 브랜디고, 알마냑은 꼬냑 지방에서 80㎞ 떨어진 프랑스 남서부의 알마냑 지방에서 생산되는 브랜디다.
꼬냑의 생산과정은 이러하다. 먼저 화이트 와인 포도 품종으로 화이트 와인을 빚는다. 완성된 화이트 와인 중에 품질이 좋은 화이트 와인을 증류해서 알코올 도수를 약 70~75°까지 높인다. 이렇게 도수가 높아진 원액을 오크통에 넣어 숙성시킨 다음 일정 기간이 지나서 알코올 도수를 40°로 안정시켜 병입해 상품화한 것이 꼬냑이다.

오크통에 숙성한 햇수에 따라 꼬냑 등급이 달라진다. 숙성 기간이 길수록 등급은 높아진다. 등급은 기본적으로 세 등급이 있다. 숙성 햇수가 3-4년 정도 된 등급은 VSOP(Very Special Old Pale)로 가장 낮다. P(pale)는 색깔이 호박(琥珀)색이라는 의미다. 5-7년 정도 숙성한 꼬냑은 Napoleon이라 한다. 8-10년 숙성한 꼬냑은 XO(Extra Old)라 부른다. 요즘은 각 꼬냑 생산 회사들이 XO급보다 숙성 기간이 더 긴 꼬냑을 내놓기도 한다. 그러나 꼬냑은 기본적으로 VSOP, Napoleon, XO 세 가지로 분류된다.

알마냑의 제조 방법과 상품 등급은 꼬냑과 동일하다. 그러나 알마냑은 화이트 와인을 증류해서 오크통에 숙성시킬 때 알코올 도수가 50° 수준으로 꼬냑보다 낮다. 그러나 병입할 때 도수는 40°로 꼬냑과 비슷하다. 알마냑은 꼬냑과 맛에서 차이가 난다. 알마냑은 대체로 개성이 강한 듯한 맛이 난다. 그래서 꼬냑에 비해 약간 매운 듯한 느낌을 받는다. 알마냑 가격은 꼬냑의 60-70% 선이다.

꼬냑이라는 이름은 꼬냑 지방에서 나는 브랜디에만 쓸 수 있고, 알마냑도 마찬가지다. 그러므로 다른 지역이나 나라에서 동일한 방법으로 브랜디를 만들어도 꼬냑이나 알마냑이라는 이름을 사용할 수 없다.

2. 와인 매너, 꼭 지켜야 하나

와인도 과실주이므로 곡주와는 다른 방법으로 마시는 게 좋다. 가장 뚜렷한 차이는 한 번에 원샷하는 술이 아니라는 점이다. 와인에 관해 여러 가지 격식이 있다고들 하지만. 원샷하는 것만 제외하고는 다른 웬만한 격식은 꼭 지키지 않아도 된다. 물론 거창한 공식적 자리에서는 되도록 지키는 게 바람직하지만, 일상적인 만남에서는 격식에서 해방되는 것도 오히려 와인을 더욱 즐기게 한다.

예를 들면 와인 잔은 반드시 다리를 잡아야 한다, 먼저 코를 잔에 깊숙이 박고 냄새를 맡아야 한다, 레드 와인은 육류와, 화이트 와인은 생선이나 가벼운 요리와 함께 마신다, 레드 와인은 차게 해서 마시면 안 된다는 등등의 격식이나 형식은 사실 별로 중요하지 않은 것들이다.

바둑 두는 사람들은 알겠지만, 바둑에서 가장 중요한 기본이 정석이다. 그런데 정석을 이해하고 나면 정석을 잊어버리라고 한다. 바둑의 형식에 너무 얽매이지 말라는 얘기다. 형식에 얽매이면 고수가 되기 어렵다.

와인에도 격식을 너무 따지면, 그 격식에 얽매어 정작 중요한 와인 맛을 제대로 느끼기 어려울 수 있다. 와인 잔은 꼭 다리를 잡지 않아도 된다. 그리고 냄새는 잔을 들어 올리면서 남들이 알아채지 않을 정도로 점잖고 가만히 느끼는 게 바람직하다. 레드 와인은 생선하고도 잘 어울리며, 화이트 와인을 육류 요리와 함께 마셔도 좋다. 레드 와인을 차게 해서 마셔도 괜찮다. 지나치게 차게 하면 레드 와인의 특유한 아로마와 부케가 가라앉아 덜 나타나지만, 웬만큼 차게 하는 것은 오히려 청량감이 있어 좋을 수 있다.

물론 격식을 모르는 것과 아는 것에는 차이가 있다. 그러나 격식을 알면서도 그런 격식에서 해방되는 것이 진정으로 와인을 즐기는 길이 아닐까 싶다. 와인은 원래 요리와 함께 마시는 술이다. 따라서 식사할 때 지켜야 할 매너나 격식에서 벗어나지 않으면 와인 마시는 격식도 어긋나지 않는다.

즐겁게 마시면서 편하게 담소하면 그 자체가 좋은 격식이다. 괜스레 잔에 코를 깊숙이 들이박고 냄새를 맡는다든지, 시도 때도 없이 잔을 빙빙 돌린다든지, 밝은 불빛에다 잔을 요란스럽게 갖다 대 색깔을 확인하는 등의 돌출행동은 오히려 주변에 부담을 준다. 이런 과잉 행동은 와인을 사랑하고 음미하기보다는 자신이 와인 애호가라는 점을 과시하려는 다분히 졸부 근성을 가진 사람들의 호들갑이다. 이런 사람들은 대개 와인 맛을 제대로 모른다.

이런 과잉 행동은 소믈리에나 와인 서버가 현장에서 와인 맛을 '감정하기' 위해 행하는 서빙 절차다. 손님은 와인을 즐기는 것이지 감정하는 게 아니다. 손님이 오버액션을 할 필요는 없다. 좋은 분위기에서 와인을 마시는 데 그런 호들갑은 필요치 않다. 굳이 하고 싶다면 남들에게 돌출되지 않게 조용히 해야 한다. 남들에게 보이기 위해 그런 행동을 하는 것은 심하게 말하자면 와인 무식쟁이들이나 하는 짓이다.

또 하나 지적해야 할 사항이 있다. 가끔 이런 사람을 본다. 어떤 와인이든 냄새와 맛을 보면 어느 나라, 어느 지역에서 생산된 어떤 종류의 몇 년산 와인인지를 맞출 수 있다고 말하는 사람이다. 이른바 와인 만물박사를 자칭하는 사람이다. 그러나 유감스럽게도 필자가 아는 한 그런 사람은 지구상에 단 한 사람도 없다.

와인 감정(Tasting)과 와인 마시기

와인을 감정하는 것과 와인을 마시는 것을 혼동하는 사람들이 의외로 많다. 와인을 감정한다는 것은 와인을 객관적이고 전문적인 입장에서 평가하는 것이고, 와인을 마시는 것은 자신이 와인을 즐기는 일이다.
와인을 감정하는 행위는 여러 가지 절차와 지킬 사항이 많은 공식적이고 분석적인 과정이다. 이런 감정(tasting) 행위의 기준을 즐겁게 마셔야 할 와인 만남에 적용한다면 그 자리는 우스꽝스런 자리가 돼 버린다.

원래 와인 감정은 와인 가격을 정하기 위한 상업적 거래에서 시작되었다. 그래서 1855년 메독 지구 그랑 크뤼 1등급 와인을 선정할 때도 결국 와인 맛에 기초한 가격을 기준으로 등급이 매겨졌다. 그러므로 와인 감정은 개인의 취향이 아닌 객관적이고 공평한 다수의 평가로 이뤄져야 하는 어려운 일이다. 이런 와인 감정을 위해 이른바 관능검사(Sensory Evaluation)

가 필수로 뒤따른다.

관능검사에는 △색깔, 투명도, 기포 발생 정도 등 눈으로 보는 외관(Appearence), △아로마, 부케 등 코로 맡는 오우더(Odor), △입에서 느끼는 아로마, 기본 맛, 쓰거나 떫은맛 등 복잡한 맛(Complex Taste), △감촉, 온도 등 접촉 느낌(Touch) 등 여러 요소가 분석·평가된다.

이런 경우는 있다. 소믈리에라든지 호텔이나 와인바 직원이면 와인 창고에 보관돼 있는 와인에 관해서는 소상히 알 수 있다. 창고에 보관된 와인을 최소한 한 번씩은 맛을 봤을 테니까 말이다. 그러나 그가 경험한 이런 정도의 와인은 지구상에 시판되고 있는 와인의 1만 분의 1도 안 된다.

전 세계에서 생산되는 와인 종류는 수만 가지가 넘는다. 그리고 각 종류마다 생산연도별 차이가 있고, 수없이 많은 재배 지역과 생산자들에 의해 또 차이가 난다. 애호가들이 와인을 어떻게 보관하고 있느냐에 따라서도 맛이 한 번 더 달라진다. 세계의 모든 와인을 맛보는 즉시 정확하게 무슨 와인인지 알아맞힌다면, 그건 너무나 새빨간 거짓말이다.

어떤 와인을 맛보고 단번에 알아맞혔다면, 그 와인은 이미 그가 맛을 경험한 와인일 것이다. 즉 그는 그 와인 맛을 이미 알고 있었기 때문에 알아맞혔을 뿐이다. 어느 특정 개인이 전 세계 와인을 10분의 1 정도만이라도 맛보려면 아마도 몇천 년이 걸릴 것이다.

이미 맛본 와인을 요행으로 알아맞히는 사람을 와인 초보자가 볼 때는 그가 무슨 척척 도사처럼 보일지 모른다. 그러나 요행으로 전체를 다 맞힐 수는 없다. 이제부터라도 자신이 와인 만물박사인 것처럼 처신하는 티를 내지 말자. 그렇게 할수록 자신이 와인 무식쟁이임을 나타내게 될 테니 말이다. 벼는 익을수록 고개를 숙인다고 한다.

와인에 관한 거짓말 15선

와인 전문가 Robert Parker가 말하는 Top 15 Biggest Lies

15위. The reason the price is so high is the wine is rare and great.

와인 가격이 이렇게 비싼 건 귀하고 끝내주는 와인이라 그래요.

14위. You probably had a "corked" bottle.

그 와인이 맛이 이상했다구요? 아마도 불량 코르크 마개로 오염된 변질 와인을 마셨기 때문일 겁니다.

13위. It is going through a dumb period.

(와인의 맛이 좋지 않은 이유는) 아마도 얘가 슬럼프라 그럴 겁니다.

12위. We ship and store all our wines in temperature-controlled containers.

우리가 다루는 와인은 전부 온도가 조절되는 컨테이너로 운반하고 저장합니다. (수입회사에서 즐겨 씀)

11위. You didn't let it breathe long enough.

와인을 산소와 충분히 접촉하도록 하지 않았어!

10위. You let it breathe too long.

와인을 너무 오래 산소와 접촉하도록 했어. / 와인을 너무 오래 따 두었어.

9위. Sediment is a sign of a badly made wine.

침전물이 있는 것을 보니, 양조 과정에 이상이 있었던 모양이군!!

바꿔 주세욧!! (식당이나 바에서 잘난체하는 손님이 불평할 때)

8위. (gentleman), you are lucky…. this is my last bottle(case).

손님, 참 운이 좋으십니다. 마지막 딱 한 병 남은 거였어요.

7위. Just give it a few years.

몇 년만 숙성시켜 보세요. 맛이 아주 좋아질 겁니다.

6위. We picked before the rains.

참 운이 좋았어요~ 비가 오기 전에 수확했지요.

(그래서 와인이 희석되는 것을 막았답니다.)

5위. The rain was highly localized; we were lucky it missed our vineyard.

비가 아주 국지적으로 내렸고, 다행히도 우리 포도원은 피해 갔지요.

4위. There's a lot more to the wine business than just moving boxes.

와인 사업은 단순히 와인을 판다는 것, 그 이상의 기쁨과 보람이 있는 일입니다, 아무렴요. (와인 상인)

3위. Parker or The Wine Spectator is going to give it a 94 in the next issue.

〈와인 스펙테이터〉의 다음 호나 〈파커〉의 잡지에서 곧 이 와인에 94점을 줄 겁니다. 늦기 전에 서두르세요. (현지서 생산자가 수입업자에게 하는 말.)

2위. This is the greatest wine we have ever made, and, coincidentally, it is the only wine we now have to sell.

이 와인은 우리가 여태껏 만든 와인 중 최상의 품질이고, 우연찮게도, 지금 딱 이것만 남았습니다.

1위. It's supposed to smell and taste like that.

(잘 모르시는가 본데) 이 와인은 원래 그런 향과 맛이 납니다.

3. 와인의 출발은 와인 고르기부터

와인은 흔히 클래식 음악과 비유된다. 우선 감미롭고 행복한 느낌을 준다는 면에서 그렇다. 또한 와인과 클래식은 각각 그 분야에 대해 상당한 지식과 이해를 요구한다. 그러나 가장 중요한 것은 클래식은 많이 들어야 하고, 와인은 많이 마셔 봐야 한다는 점이다. 듣지 않고 마시지 않고서는 클래식을 이해할 수 없고 와인 맛을 알 수 없다.

와인은 원래 식사와 함께 마시는 술이다. 따라서 와인을 마시는 때는 거의 대부분 식사 중이거나 식사 전후다. 와인바나 호텔 레스토랑에 가면 대개 요리와 연관해서 와인을 주문한다. 그리고 식사는 하지 않고 와인만 마실 경우는 그냥 와인을 시켜서 마시면 된다. 문제는 어떤 와인을 고르느냐 하는 점이다.

와인을 고르고 마시는 절차와 순서는 대개 이러한 방법으로 하면 무리가 없다. 와인 리스트 점검 → 주문한 음식과 조화 → 품질 등급, 포도 품종, 제조회사 확인 → 와인 선택 등의 절차로 하면 된다. 이를 순서대로 점검해 본다.

먼저 와인 리스트 점검부터 확인해 보자. 호텔 레스토랑이나 와인바에 가면 와인 리스트가 있다. 이 와인 리스트를 보면서 그날 분위기와 식사 등을 고려하여 선택할 와인을 찾는다.

식사 중에 마실 와인은 요리 종류에 따라 그에 맞는 와인을 선택하는 것이 좋다. 반드시 음식 종류에 맞춰야 할 필요는 없다. 그러나 스테이크를 먹는데 스위트하고 알코올 도수가 약한 독일 화이트 와인은 그리 맞지 않다. 아무래도 이런 음식에는 묵직한 레드 와인이 더 어울린다. 그래서 음식 종류가 무어냐에 따라 그에 맞는 레드 와인이나 화이트 와인, 로제 와인 등을 주문한다. 로제 와인은 식사 중 와인보다는 가볍게 와인 만 마시고자 할 때 주문하면 더 좋다.

와인 테이블

이렇게 와인 종류(type)를 결정한 다음에는 구체적으로 어떤 와인(style)을 선택할 것인가를 결정한다. 이 단계에서는 와인 라벨을 제대로 읽을 수 있어야 한다. 그러나 와인 종류가 다양하고 와인마다 나라별로 라벨 표기 방법이 달라 당혹스러울 때가 있다. 그래서 라벨을 정확히 읽을 줄 알아야 와인을 잘 고를 수 있다.

대개 와인 라벨에는 그 와인의 품질 등급, 빈티지(생산연도), 포도 품종, 포도 재배 지역, 생산 회사, 알코올 도수 등 그 와인에 관한 종합적인 정보가 표시돼 있다. 예를 들어 품질 등급에 관한 정보는 그 와인이 프랑스 와인일 경우 AOC급인지 아닌지, 독일의 경우는 QmP, 이탈리아는 DOCG, 미국 와인은 일반 와인(Generic

Wine)인지 품종 와인(Varietal Wine)인지 등을 알 수 있다. 이런 종합 정보를 판단한 다음 최종적으로 결정한 와인을 주문하면 된다.

빈티지는 유럽산 와인을 식별할 때 주로 필요하다. 신세계 와인은 기후가 거의 일정하므로 빈티지가 그리 중요하지 않다. 유럽 와인은 생산 연도에 따라 품질과 와인 특성이 달라진다. 빈티지 정보는 빈티지 차트에 기재돼 있고, 호텔이나 와인 바에 비치돼 있다.

와인의 type과 style

와인의 타입(type)이란 이를테면 레드 와인이냐, 화이트 와인이냐 등 그 와인의 기본적인 특성이 무엇인지를 말한다. 스타일(style)은 와인 메이커가 자신만의 독특한 양조 방식으로 개성 있는 맛을 와인에 추가한 것이라 할 수 있다. 따라서 스타일은 기본적인 타입 속에서 특정 와이너리의 개성이 나타난 일종의 차별적 요소라고 할 수 있다.

그래서 타입을 음악의 악보라고 한다면, 스타일은 연주자가 그 음악을 자기 것으로 소화하여 표현해내는 개성 있는 연주라 할 수 있다. 또 군사 용어로도 비유할 수 있다. 예컨대 타입이 전략(Strategy)이라 한다면, 스타일은 전술(Tactics)이다. 즉 타입은 전쟁의 전체 작전을 다루는 전략과 비슷하고, 스타일은 각 전장(戰場)에서 일어나는 전투와 같다.

따라서 스타일 측면에서 여러 가지 관능적인 개성이 잘 드러나는 와인일수록 좋은 와인이라 할 수 있다. 와인 메이커는 자신이 와인의 관능적인 특성 중에서 어떤 부분을 강조할 것인가를 결정해야 한다. 전반적인 인상, 향과 풍미의 복합성, 품종별 아로마와 향미의 강도, 오크 냄새의 강약, 당과 산의 조화, 탄닌의 질량 등을 세심하게 조절해야 한다.

포도 재배와 와인 제조 과정에 완벽을 기해야만 관능미 넘치고 개성 있는 와인을 만들어 낼 수 있다. 와인의 이런 스타일은 포도밭과 와이너리에서 결정된다. 고급 와인이라면 그 기후에 가장 적합한 품종을 재배하는 게 필수다. 과학적인 포도나무 재배와 관리, 적절한 수확시기, 주스 추출 작업, 발효, 숙성, 마무리 작업 등을 차질 없이 수행해야 한다. 그래야 품종의 특성이 잘 나타나고 유지되는 와인을 만들어야 개성 만점의 와인이 탄생한다.

품종과 재배 지역, 생산 회사 등도 중요하다. 레드 와인의 경우 묵직하고 깊은 맛을 내는 까베르네 쏘비뇽 와인을 선택할 것인지, 비교적 가볍고 부드러운 메를로 품종으로 할 것인지 등을 결정해야 한다. 재배 지역도 선택해야 한다. 프랑스산으로 하느냐 이탈리아산으로 하느냐 등을 결정한다. 프랑스산일 경우 보르도산이냐 부르고뉴산이냐 등을 선택해야 한다. 같은 품종, 같은 재배 지역이라도 제조회사에 따라 맛이 다르다. 와인 제조사들은 제각기 자기만의 와인 제조 스타일을 갖고 있어서 개성 있는 와인을 만들려 무척 애쓴다. 이런 와인 선택 과정은 와인 판매점에서 와인을 직접 살 때도 같은 방법으로 선택하면 된다.

한 가지 덧붙일 사항이 있다. 그 자리가 격식을 차려야 하는 자리라면 와인도 용도에 따라 몇 가지를 주문해야 한다. 이런 자리는 거의 풀코스(Full Course) 오찬 또는 만찬이다. 편한 자리에서는 식사 중 마시는 테이블 와인으로 레드 와인을 주문한다. 그러나 풀코스라면 얘기가 달라진다. 즉 식사 전 와인(Aperitif)과 식후 와인(Desert Wine)이 별도로 나와야 한다. 이처럼 세 가지 이상의 와인을 마실 때 식사 전 와인은 화이트 와인이 보다 바람직하다. 그리고 드라이 와인보다는 가볍고 스위트한 와인을, 숙성이 잘된 와인보다 덜된 와인을, 묵직한 와인보다 가벼운 와인을 먼저 마시는 게 좋다.

그러나 요즘은 풀코스 자리라도 그냥 식사 중 와인 한 가지로 처음부터 끝까지 서브하는 경우가 많다. 이 경우 그 자리가 공식적인 자리라면 참석자들의 양해를 얻는 것은 필수다.

편한 친구나 가까운 연인 사이라면 호텔이나 와인바에 준비돼 있는 하우스 와인(House Wine)을 마시는 것도 좋은 방법이다. 하우스 와인은 호텔이나 와인바에서 잔술을 원하는 고객들을 위해 별도로 준비해놓는 와인이다. 하우스 와인은 제공해 주는 곳마다 그 종류가 모두 다르다. 어떤 곳은 프랑스 뱅 드 뻬이(Vin de Pays) 등급 와인을 서브하기도 하고, 또 어떤 곳은 미국이나 칠레의 품종 와인(Varietal

Wine)을 내놓는 곳도 있다. 물론 고급 하우스 와인을 제공하는 곳도 있지만 대부분 중저급 정도의 와인을 내놓는다.

와인을 고를 때 정말로 심사숙고해야 할 중요한 일이 하나 있다. 바로 가격 문제다. 레스토랑이나 와인바에 가 보면 우리나라 사람들은 비싼 와인을 예사로 주문한다. 그러나 사람은 대부분 가격에 민감하다. 그러므로 같이 있는 사람들이 부담을 느끼지 않을 정도로 적절한 가격의 와인을 주문해서 마시는 게 분위기에 오히려 더 좋을 수 있다. 특별히 어떤 와인을 마시려고 작정하지 않았다면 비싸지 않은 와인을 마시는 게 기분을 더 홍겹게 한다. 가볍게 한잔할 정도면 3만-5만 원 수준이면 괜찮다. 좀 격식을 차릴 자리라면 5만-10만 원 수준이면 훌륭하다.

4. 가볍고 스위트한 것부터

우리나라 사람들은 대개 값비싼 고급 와인을 찾는다. 그러나 와인은 그 제조 과정과 숙성 과정이 제대로 이뤄진 것이라면 가격과 맛에 관계없이 모두가 좋은 와인이다. 와인 판매점에 가면 몇천 원짜리부터 몇백만 원짜리까지 살 수 있다.

와인 판매점에 가서 병당 3,000-4,000원짜리 싼 것부터 10만 원 정도 하는 비교적 비싼 것까지 골고루 사서 여러 종류의 와인을 맛보는 게 바람직하다.

판매점에 가면 비싼 와인이 좋은 와인이라면서 은근히 비싼 와인을 사라고 부추길 때가 있다. 그런 말에는 신경 쓰지 말고 자기가 사고 싶은 걸 사면 된다. 제대로 만든 와인은 값에 관계없이 모두가 좋은 와인이다. 다만 입안에서 느껴지는 무게감과 우아한 부드러움에 차이가 날 뿐이다.

지난 1990년대에 "레드 와인이 건강에 좋다."는 언론보도가 나오자 갑자기 와인 붐이 일어난 적이 있다. 너도나도 와인을 사서 맛봤지만, 맛본 사람들은 대부분 실망했다. 와인이 달콤하고 부드러울 줄 알았는데, 막상 마셔 보니 시금털털하고 묵직한 맛이었기 때문이다.

우리나라에 수입되는 와인은 대부분 고급 와인에 속하는 것들이어서 그 맛이 비교적 묵직(Full-bodied)하고 드라이하다. 또 값싼 것들은 신(Sour)맛이 많이 나서(반드시 싸다고 신맛이 나는 건 아니니다) 우리나라 사람들 입맛에 썩 맞지 않았다. 사람들은 그 당시 레드 와인을 맛보고선 금방 시큰둥해졌다.

사람들이 와인에 시큰둥해진 데에는 또 다른 그럴듯한 이유가 있다. 레드 와인은 병입하고 난 다음 어느 정도 기간이 지나야 숙성해 그 맛이 원숙해진다. 그런데 수입 와인은 수입되자마자 바로 판매돼 숙성될 기간이 충분하지 않다. 떫은맛이 강하게 나는 것도 그 원인이다. 고급 와인은 어둡고 서늘한 곳에서 최소한 6개월 이상 숙성해야 비로소 부드럽고 독특한 향을 낼 수 있다.

그렇다면 와인 초보자들은 어떤 와인부터 시작해야 좋을까. 사람마다 입맛과 취향이 제각기 다르긴 하지만, 대체로 와인은 처음에 화이트 와인부터, 그리고 가볍고(Light-bodied), 스위트(Sweet)한 것부터 시작하는 것이 좋다. 즉 레드보다는 화이트부터, 묵직한 맛보다는 가벼운 것부터, 쌉쌀한 것보다는 스위트한 것부터 마실 것을 권한다.

대표적인 스위트 와인은 독일의 모젤-자르-루베르(Mosel-Saar-Ruwer)강 유역 및 라인가우(Rheingau)와 라인헤센(Rheinhessen), 그리고 이탈리아 베네또(Veneto)

지역에서 생산되는 화이트 와인들이다. 독일산 스위트 화이트 와인은 국내에서도 손쉽게 구입할 수 있다. 마주앙 모젤 와인이 시판되고 있고, 또 대형 할인점에 가면 독일산 화이트 와인을 1만 원 내외의 싼 값으로 구입할 수 있다.

레드 와인은 대개 미디엄 바디 또는 풀 바디한 맛을 낸다. 그러나 가벼운 맛(Light-bodied)을 내는 것도 있다. 해마다 11월 셋째 목요일 0시에 전 세계에서 일제히 출시되는 프랑스 햇포도주 "보졸레 누보"가 바로 이 가벼운 맛을 내는 레드 와인이다. 그러나 레드 와인은 아무래도 묵직한 맛을 내는 와인이 정통이다.

와인 맛에 점점 익숙해지면 미디엄 바디나 풀 바디 와인을 마시면 된다. 이런 와인은 거의 틀림없이 드라이 타입이다. 와인은 마지막 단계에서 풀 바디한 타입으로 가야 제맛을 알 수 있다. 그쪽으로 갈수록 와인의 복합적인 맛과 향을 깊게 느낄 수 있다.

우리나라에는 와인 선호 성향이 대체로 연령별로 나눠지는 것 같다. 20대는 로맨틱한 감을 주는 로제 와인이나 레드 와인을, 30대는 상큼하고 향긋한 화이트 와인, 40대 이상은 건강에 좋다는 레드 와인을 즐겨 마시는 것 같다. 그리고 성별로는 남성은 레드 와인, 여성은 화이트 와인을 선호하는 듯하다.

(1) 와인도 지나치면 독약

흔히들 와인이 건강에 좋은 만병통치약처럼 회자되고 있다. 그러나 이런 소문은 프랑스 등 와인 생산국들이 와인을 많이 팔려고 과잉홍보하는 술책일 수 있다. 와인도 술임에는 틀림없으므로 과음하면 각종 질병의 원인이 된다. 프랑스에서는 매년 4만 명이 넘는 사람이 와인 때문에 얻은 술병으로 사망한다고 한다. 그리고 프랑스 전체 주류 소비의 58%가 와인이어서 와인 소비가 압도적으로 많다. 모든 술은 알맞게 마시면 약이 되고 과음하면 독이 된다는 사실을 잊지 말아야 한다.

우리나라에 수입되는 와인이 대부분 고급 와인이다. 이는 와인 수출국들이 매출을 늘리기 위해 우리나라를 비롯한 아시아 여러 나라에 의도적으로 비싼 고급 와인을 팔고 있는 데에 큰 영향을 받고 있다. 이미 말했듯이 와인은 제조 과정과 숙성과정이 정상적으로 이뤄진 것이라면 값에 관계없이 훌륭한 와인으로서 손색이 없다.

전 세계에서 생산되는 고급 와인과 고급 위스키의 30-40%가 한·중·일 3국에 수출되고 있다는 사실은 우리를 놀라게 하기에 충분하다. 백인들의 장삿속에 고급만 찾는 우리 주변의 졸부들이 농락당하고 있는 게 아닐까 하는 생각은 지나친 기우일까.

5. 빈티지(Vintage)는 와인 선택의 첫걸음

신세계(New World)에서 생산된 와인은 빈티지(Vintage)가 그리 중요하지 않다. 미국, 칠레, 남아공 등 신세계 지역은 거의 항상 일조량이 많고 기후 변화가 별로 없는 곳이어서 생산 연도가 다르다고 해서 와인의 질이 별로 달라지지 않는다.

그러나 구세계(Old World) 유럽은 해마다 일조량이 다르고 기후 변화도 다양하다. 어느 해는 수확한 포도가 잘 익었는가 하면 또 어느 해는 당분 함유량이 약간 떨어지기도 한다. 그래서 유럽산 와인은 빈티지가 상대적으로 중요하다.

빈티지는 포도를 수확한 연도를 의미한다. 빈티지는 거의 모든 와인 병에 표시돼 있다. 와인 라벨에 '2022'라고 표시돼 있으면 이 와인은 2022년에 수확한 포도로 양조한 와인이라는 얘기다. 빈티지는 와인의 품질과 맛, 그리고 숙성 시기를 판단하는 데 도움이 된다.

와인 품질은 재배 지역, 기후, 포도 품종 등에 의해 결정되는데 이 가운데 기후와 관련된 요소가 빈티지다. 위에서 말했듯이 기후 변화가 거의 없는 미국 서부 지역 등에서는 빈티지가 별 의미가 없다.

유럽산 와인에 빈티지가 왜 중요하냐는 다음과 같은 이유가 있어서다. 와인을 만드는 데 필요한 포도는 적정한 당도와 풍부한 유기물질을 함유해야 한다. 이런 조건을 갖춘 포도를 생산하기 위해서는 우선 일조시간이 충분해야 하고, 포도 생육기간에 날씨가 비교적 온화해야 한다. 수확기에는 비가 오지 말아야 하는 등 비교적 까다로운 기후조건이 필요하다. 그러나 날씨가 변덕스런 유럽에서는 이런 기후조건이 매년 충족되지 않는다. 그래서 기후조건이 좋은 연도에 수확한 포도로 담근 와인이 맛과 품질에서 좋다. 빈티지가 중요시되는 건 이래서다.

빈티지에 대한 종합 정보는 각 와인 생산국에서 발행하는 빈티지 차트를 보면 상세히 알 수 있다. 빈티지 차트는 와인 산지의 기온과 일조시간, 강우량 등 모든 기상 조건을 토대로 하여 작성된다. 프랑스의 경우 빈티지는 통상 빈약한 해, 평균 해, 우수한 해, 예외적으로 좋은 해 등으로 분류한다.

프랑스 와인 가운데 최근 들어 기후조건이 좋았던 해에 생산된 와인은 1997년과 2003년, 2015, 2017년이다. 와인 라벨에 1997, 2003, 2017년산 유럽 지역 와인을 보면 두말없이 사서 마셔도 괜찮다. 그런데 기후가 보통이었던 2000년 빈티지 와인이 한때 수집가들의 수집 대상이 되었다. 확실한 이유는 알 수 없으나 아마도 21세기를 여는 2000년산이라 그런 게 아닌가 하는 생각도 든다.

이탈리아는 1989, 1992, 1993, 1995, 2015년이 좋은 빈티지이고, 독일은 1986, 1987, 1989, 1991, 1993, 2015, 2017년이 좋은 빈티지이다.

빈티지가 와인 품질을 평가하는 잣대이긴 하지만 결정적인 기준은 아니다. 그렇긴 해도 빈티지를 참고하면서 어느 시기의 와인이 마시는데 가장 적당한지를 재보는 것도 애호가들이 느낄 수 있는 망중한의 즐거움이기도 하다.

6. 품종 식별은 와인 애호가의 필수 사항

신세계(미국, 칠레, 남아공, 호주 등)에서는 포도 품종(grapes varieties) 이름을 와인 상표로 사용한다. 예를 들면 칠레산 화이트 와인 상표로 샤르도네(Chardonnay)라는 화이트 와인 품종 이름을 올린다. 그러나 유럽에서는 와인 품종 대신 와인 산지나 와이너리 이름을 상표로 표기한다. 그래서 메독(Médoc)이나 마르고(Margaux) 등 생산 지역 또는 샤토 이름이 등장한다.

와인 맛을 제대로 알려면 와인 품종에 대한 식견을 어느 정도 갖는 것이 좋다. 와인은 100% 포도만을 원료로 하여 만들기 때문에 양조된 와인의 품종이 무엇이냐에 따라 그 맛과 향기가 좌우된다. 품종 이외에 생산연도(빈티지), 재배 지역, 숙성 조건, 생산자, 그리고 블렌딩 비율 등에 따라 맛과 향기가 다소 차이가 난다. 하지만 가장 중요한 결정 요소는 포도 품종이다. 와인 맛을 평가하는 데는 향, 맛, 색깔 등 여러 요인이 있으나, 결국 그 와인을 빚은 품종을 알아야 와인 맛을 제대로 알 수 있다는 의미다.

레드 와인은 아무래도 프랑스 보르도 지방이 첫손에 꼽힌다. 이 지역에서 가장 많이 재배되는 품종은 까베르네 쏘비뇽, 까베르네 프랑, 메를로, 쁘띠 베르도 등이다. 이 가운데 대표적인 품종인 까베르네 쏘비뇽은 메독과 그라브 지역에서 주로 재배된다. 그리고 이들 지역은 자갈이 많은 토질이다.

메를로는 점토질 토양인 쌩떼밀리옹과 뽀므롤 지역에서 주로 재배된다. 그리고 쁘띠 베르도 등 나머지 품종은 보르도 전 지역에서 소량 재배된다. 이들 품종은 쏘비뇽이나 메를로 품종과 블렌딩하여 와인의 맛을 보완할 때 사용되는 혼합용으로 쓰인다.

까베르네 쏘비뇽은 포도알이 작고 껍질이 두껍고 씨가 크다. 이 품종의 와인은 색깔이 진하고 탄닌 성분이 많다. 그래서 대개 드라이하고 풀 바디(Full-bodied)한 맛을 낸다. 자연히 이런 와인은 숙성이 덜된 상태에서는 맛이 거칠고 떫다. 이 품종의 와인은 오랜 기간 숙성시켜야 특유의 부드러운 맛과 복잡한 풍미를 느낄 수 있다. 이 단계에 들어선 까베르네 쏘비뇽 와인은 고급 와인으로서 애호가들의 사랑을 받는다.

메를로는 포도알이 크고 껍질이 얇으며 탄닌 성분이 적다. 이 품종의 와인은 까베르네 쏘비뇽 품종보다 부드러운 맛을 낸다. 따라서 와인 세계에 처음 들어온 사람은 쏘비뇽보다 메를로 품종 와인을 선택하는 것이 좋은 방법이 될 수 있다. 까베르네 프랑과 쁘띠 베르도는 까베르네 쏘비뇽과 메를로의 중간 정도 맛을 낸다고 보면 무리가 없다.

품종에 대해 언급할 게 또 하나 있다. 보르도 지방에서는 주품종 이외에 다른 품종을 1-2개 정도를 일정 비율로 블렌딩하여 와인을 만든다는 점이다. 이에 비해 부르고뉴 지방에선 1개의 품종만을 양조하여 병입하는 방식을 선호한다. 따라서 보르도산 와인은 2-3개 품종의 블렌딩 와인이고, 부르고뉴산 와인은 단일 품종 와인이라고 여기면 무리가 없다.

보르도 지방에서 포도 품종을 블렌딩하는 것은 각 품종의 장점을 최대한 살려 보다 깊고 향미 있는 와인을 만들기 위해 사용하는 전통적인 와인 제조 방법이다. 이런 것이 또한 보르도 지역의 유명 샤토들의 명성을 유지해 주는 비밀의 노하우이기도 하다.

그러나 여러 품종을 블렌딩했다고 단일 품종 와인보다 맛이 우수하다고 말할 수는 없다. 보르도 와인과 부르고뉴 와인을 굳이 비교한다면 여성의 외모와 견주어 말하는 게 좋겠다. 보르도 와인을 여성과 비교하자면 얼굴을 여러 화장품으로 잘 꾸민 얼굴이고, 부르고뉴 와인은 얼굴에 아무것도 바르지 않은 그런 얼굴 모습이라 생각하면 별 무리가 없다. 문제는 와인을 마시는 사람이 어떤 와인을 좋아하느냐 하는 취향의 문제일 뿐이다. 상당한 와인 애호가들은 단일 품종만이 갖고 있는 고유한 맛을 느끼기 위해 부르고뉴 와인만을 찾는다.

이제 품종을 알면 그 와인의 맛이 대강 어떠하리라는 건 웬만큼 알 수 있다. 따라서 품종에 따라 어떤 맛인지 추측할 수 있는 것도 와인을 마실 때 느끼는 또 하나의 즐거움일 수 있다. 품종을 알아야 와인 맛을 알 수 있음이 바로 여기에 있다.

7. 유일한 흠 - 아황산염

아무리 완벽한 사람이라도 결점이 있듯이, 와인에도 결점이 하나 있다. 그것은 다름 아닌 인체에 해로운 아황산염(SO2)이나 아황산가스가 함유돼 있다는 사실이다. 왜 하필이면 해로운 아황산염이 와인에 들어 있을까. 이유는 과피(果皮)에 있는 잡균을 살균하고 와인의 산화를 방지하기 위해서다. 즉 잡균 억제와 산화 방지를 위해 인위적으로 아황산염을 와인에 첨가한다. 아황산염은 와인 발효 과정에서도 자연적으로 소량 발생한다. 이 자연 발생은 곡주를 만들 때 발효 과정에서 인체에 해로운 메틸알코올이 저절로 발생하는 것과 같은 이치다.

아황산염은 유황과 산소가 결합해 발생한다. 이 염은 포도즙이 발효하는 동안 자연적으로도 생성되며, 빵이나 치즈 등 모든 발효식품도 제조 과정에서 자연적으로 발생한다. 그러나 자연 발생한 양은 매우 적다. 때문에 와인의 경우 안정된 품질 유지를 위해 추가로 아황산염을 주입한다. 주입 시기는 으깨진 포도 주스가 발효하기 직전이다.

아황산염이 인체에 미치는 독성에 관한 연구가 일찍부터 있었다. 아황산염이 와인에 함유됐을 때 미칠지 모를 해독을 방지하는 데 각국은 상당한 신경을 쓰고 있다. 그래서 각국은 아황산염의 최대 허용치를 정해 엄격히 규제한다. 나라에 따라 그 최대 허용치가 약간 다르다. 미국은 리터당 350㎎, EU 회원국은 리터당 160㎎(레드 와인)-260㎎(화이트 와인), 호주는 리터당 300㎎이다. 우리나라는 리터당

350㎎이다. 그러나 실제로 와인에 녹아 있는 아황산염 함유량은 대개 리터당 100-150㎎ 정도이다. 왜냐면 각국의 허용치는 최대 허용치이므로 와인 생산자들이 와인 품질이 유지되는 범위 안에서 아황산염 사용을 스스로 규제하고 있기 때문이다.

미국산 와인의 라벨을 보면 대부분 'Contains Sulfites'라는 문구가 표기돼 있다. Sulfites는 아황산염 또는 황화합물을 말하는데 이를 아황산염이라고 이해하면 된다. 아황산염은 물과 결합해 황산이 된다. 황산은 냄새가 고약하고 인체에 해롭다. 특히 아황산염은 천식 환자에게 치명적인 영향을 줄 수 있다.

그래서 1988년 미국 의회는 천식 환자들을 보호하기 위해 아황산가스에 대한 경고성 문구를 라벨에 의무 표기토록 하는 법안을 통과시켰다. 법안은 리터당 10㎎ 이상의 아황산염을 함유한 와인을 그 대상으로 했다. 모든 와인은 발효 과정에서 리터당 10㎎ 이상의 아황산염이 자연 발생한다. 그러므로 와인에는 인위적이든 자연적이든 아황산염이 다 들어 있다고 보면 된다.

EU의 경우 아황산염을 F180 등의 형태로 표기한다. 유럽에서는 아황산염 표기사항이 법적 의무사항이 아니므로 표기하지 않는 와인도 있다. 그렇다고 유럽산 와인에 아황산염이 함유돼 있지 않은 건 아니다. 표기만 하지 않을 뿐이다. 아황산염 없는 와인은 거의 없다.

아황산염은 레드 와인보다 스위트 와인에 더 많이 함유돼 있다. 왜냐면 와인에 잔존해 있는 당분이 더 발효하지 않도록 하기 위해 아황산염이 그만큼 더 많이 필요해서다. 와인을 마실 때 아황산가스를 배출하고 와인의 맛을 더 깊게 하기 위해서는 마시기 1-2시간 전에 코르크 마개를 따는 것도 한 방법이다.

유기농 포도, 내추럴 와인

국내 와인 업계에 내추럴 와인 열풍이 거세다. 내추럴 와인이란 화학비료나 살충제, 제초제 등을 사용하지 않고 재배된 포도를 사용해 이산화황, 인공 이스트 등 첨가물을 넣지 않고 양조한 와인을 말한다. 3년 전부터 프랑스 파리에서 유행하기 시작하더니 일본 등을 거쳐 국내에도 등장했다.

그러나 미국 경제 전문지 〈하버드비즈니스리뷰〉에 따르면, 전 세계 포도 농장 중 유기농 농장은 5%가 안 된다. 세계 최대 와인 소비국인 미국에서도 대용량으로 판매하는 유기농 와인은 1%에 불과하다. 그렇다면 내추럴 와인 시장은 더 적을 수밖에 없다. 여기에 공식적인 인증 기관도 없다 보니 소문만 무성하다. 이 소문들의 진실과 거짓을 분석해 본다.

① 숙취가 적다

내추럴 와인은 기존 와인보다 숙취가 적다는 말이 진실일까. 일부는 진실이다. 일반적으로 와인에서 숙취를 유발하는 물질인 타닌, 설탕, 이산화황, 히스타민, 알코올 중 이산화황의 양이 내추럴 와인에는 적기 때문이다. 그러나 내추럴 와인도 자연적으로 발생한 이산화황이 포함돼 있고, 일부 과학자는 이산화황과 숙취와의 연관성을 부정하는 연구 결과들도 발표하고 있어서 100% 옳다고 보기는 어렵다.

② 개봉 후 오래 놔두고 마셔야 맛이 좋다

"내추럴 와인을 맛있게 먹으려면 최소 일주일은 개봉 후 놔둬야 한다?" 거짓이다. 와인을 산소와 접촉해 맛과 향을 증폭시키는 과정을 브리딩(breeding)이라고 하는데, 이 과정은 내추럴 와인이라고 특별히 길 필요가 없을뿐더러 설사 그렇다 하더라도 일주일은 너무 길다. 내추럴 와인은 병에 넣기 전에 필터링(걸러내는 작업)을 하지 않기 때문에 유리병에 따라 놓았다가(디캔팅) 마시는 것이 좋다.

③ 전자레인지에 살짝 돌리면 맛 좋아진다

전문가들은 와인에 열을 가하면 맛이 변질되기 때문에 절대 해서는 안 되는 행위라고 말한다. 혹시나 더 맛있어졌다고 느낀 사람은 개인 취향일 뿐이다.

④ 장기 보존이 힘들다

보존을 도와주는 이산화황이 적기 때문에 배로 이동하는 과정 등에서 다른 와인보다 빨리 변질될 확률이 높다. 그러나 온도와 습기를 적절하게 맞춘 와인 셀러에 보관한다면 다른 와인과 크게 다르지 않다.

⑤ 쿰쿰한 향이 강하다

내추럴 와인을 싫어하는 사람들이 주장하는 쿰쿰한 향, 와인 메이커들이 '브렛(brett)'이라고 부르는 이 향은 내추럴 와인에 조금 더 강한 경향이 있다. 이 냄새를 억제하는 인공 효모와 살충제가 들어가지 않기 때문이다. 그러나 내추럴 와인이 아니더라도 와인 종류에 따라 이 향이 더 많이 나는 것들도 많다.

⑥ 가격이 비싸다

일부 진실이다. 일반적으로 프랑스 보르도 지방에서는 30헥타르(30만㎡)의 밭에서 일하는 데 인부 두 명이 필요하지만, 내추럴 와인은 7헥타르(7만㎡)에 인부 11명이 필요하다고 한다. 인건비가 많이 들어가기 때문에 아주 싼 와인은 없지만, 또 마케팅이 시작된 단계가 아니기 때문에 초고가 와인도 없다.

⑦ 사실상 인증 기준이 없다

비슷하게 통용되는 유기농 와인과 바이오다이내믹 와인이 미국과 유럽 등에 인증 기관이 있는 것과 달리 내추럴 와인은 아직 없다. 이 때문에 최근 프랑스에서는 내추럴 와인의 법제화를 위한 움직임이 나타나고 있다. 프랑스 정치인 마리 프랑쉬 로르호(Lorho)는 지난달 16일 국회에 내추럴 와인을 정의하기 위한 위원회 구성을 위한 안건을 상정했다고 와인 정보 사이트 와인 서처가 전했다.[6]

6) 조선일보, 2018. 8. 25일. 자 인용

8. 오래됐다고 명품 와인이 되는 건 아니다

일반적으로 술은 오래될수록 맛과 향이 좋다고 여긴다. 묵은 된장이 진짜 된장 맛 나는 거와 마찬가지다. 알코올 도수가 높은 독한 술은 오래되면 될수록 맛이 좋다. 그러나 와인은 반드시 그렇지는 않다.

대표적인 곡주인 위스키는 맥주를 증류해 알코올 함량을 40도 이상으로 높여서 숙성시킨 증류주다. 위스키의 장기 숙성이 가능한 것은 높은 알코올 도수로 변질이 안 되기 때문이다. 그래서 장기간 숙성 보관하면 할수록 물과 잘 화합해 부드럽고 그윽한 향이 나는 프리미엄 위스키가 된다.

와인은 대체로 10-15도 안팎으로 비교적 도수가 낮다. 이런 낮은 도수 때문에 와인은 장기 보존이 어렵다. 와인은 특수저장을 하지 않는 한 일정 기간이 지나면 맛과 색깔이 변하면서 산화(노화)한다. 그리고 결국 부패해 식초가 된다.

위스키는 숙성 기간을 12년, 15년, 17년, 25년, 30년 하는 식으로 라벨에 표시해 숙성 기간이 길수록 더 좋은 술임을 나타낸다. 그러나 와인은 숙성 기간이 길다고 해서 반드시 좋은 와인은 아니다. 그래서 어느 해에 수확한 포도로 제조했는지를 나타내는 빈티지(Vintage 수확연도)만 라벨에 표기한다. 즉 와인은 오래됐다고 반드시 좋은 와인이 아니라는 얘기다.

와인도 어느 일정 기간 동안은 맛이 부드러워지고 향도 좋아진다. 갓 발효가 끝난 영 와인(Young Wine)은 맛이 거칠고 향도 안정되어 있지 않다. 숙성 과정에서 와인은 맛과 향이 점점 깊고 부드러워진다. 그러나 와인은 숙성 한계 기간을 지나면 더 이상 원숙한 맛이 나지 않는다.

와인의 수명은 포도 품종, 탄닌 함량, 저장 방법, 제조기술 등 여러 가지 요인이 복합적으로 작용해 결정된다. 즉 와인의 라이프 싸이클은 사람의 성격만큼이나 각각 다르고 천차만별이다.

대체로 가볍고 산뜻한 맛의 화이트 와인과 핑크빛 로제 와인은 비교적 짧은 기간에 맛과 향이 좋아진다. 화이트 와인에 비해 알코올도수가 높고 탄닌 성분이 많은 레드 와인은 품질과 맛이 서서히 좋아지고 그 원숙한 맛이 몇 년 동안 지속된다.

고급 와인의 경우 충분한 숙성 기간을 거친 다음 병입하고 병속에서도 미세하게 맛이 변해 몇 년이 지나면 맛이 최고의 원숙기에 이른다. 원숙한 맛이 유지되는 기간은 화이트가 2-5년, 레드는 5-10년 정도다. 화이트 와인 가운데 숙성 기간이 유독 긴 와인이 있다. 샤르도네 와인이 그러하다. 샤르도네는 최소한 10년 이상 숙성돼야 원숙한 맛과 그윽한 향을 낸다.

몇 년에 한 번쯤 50년 또는 100년 이상 묵은 와인이 발견되어 아주 비싼 값으로 경매되는 소식을 듣게 된다. 100년 이상 된 와인은 한 병에 1억 원이 넘는 경우도 있다. 이렇게 비싸게 팔리는 이유는 경매로 팔리기 때문이다. 그러나 사실은 그 병을 따서 와인을 맛보기 전에는 그 와인이 정말 꿈의 와인인지 식초 와인인지 알 길이 없다. 100년 묵은 와인은 맛과 향이 정상 와인보다 못할 확률이 상당히 높다. 이런 와인은 맛보다는 희소성과 골동품으로서 가치가 더 크다 하겠다.

오래된 와인이 명품 와인으로 판명된 경우도 있다. 제정러시아 짜르 왕조의 마지막 황제인 니콜라이 2세에게 진상할 샴페인 2,000병을 실은 스웨덴 범선이 1907년 러시아로 향했다. 그러나 이 샴페인은 운송 도중 배가 침몰해 발틱해에 수장됐다. 1998년 인양된 이 샴페인의 보존 상태는 완벽했다.

그 오랜 기간 동안 어찌 되었기에 그렇게 잘 보존됐을까. 답은 2℃의 차가운 수온 때문이었다. 거의 0℃에 가까운 수온이 냉장고 역할을 했다. 1999년 12월부터 경매되기 시작한 이 샴페인은 병당 4,000달러에 팔렸다. 이 정도의 횡재라면 누구라도 재산을 몽땅 바쳐서 바다 속 보물찾기에 배팅할 만한 충분한 이유가 되지 않을까.

병 모양을 알면 와인 종류가 보인다

와인의 이력을 나타내는 라벨에는 알코올 도수와 용량 말고도 품명과 생산 지역, 빈티지, 포도 품종 그리고 생산자 정보와 등급 등이 명시돼 있다. 하지만 와인의 본고장 유럽의 레이블은 프랑스어, 이탈리아어, 독일어, 스페인어 등에 익숙하지 않은 사람들이 알아보기 힘들 정도로 복잡하고 보수적이다.

이렇게 어려운 레이블 말고 와인의 종류를 알 수는 없을까? 와인에 대한 정보를 간단하게 알고 싶다면 와인 병을 보면 된다. 와인의 본고장인 프랑스에는 산지별로 지정된 모양의 병에 담아야 하는 법칙이 있어 레이블 없이도 병 모양만으로 어느 지방에서 생산된 것인지 가늠할 수 있다.

지역별로 사용되는 병 모양만 익혀 두어도 와인을 마시기 전 와인의 분위기를 미리 감지할 수 있다. 가장 대표적인 와인 병 모양으로는 보르도형, 부르고뉴형, 알자스형, 샹파뉴형 등으로 분류한다.

▷ 보르도형

보르도 와인은 일반적으로 우리가 쉽게 접할 수 있는 레드 와인 병 모양으로 날씬하고 슬림

한 바디를 갖춘다. 길쭉한 모양에 양쪽이 곧게 뻗어 있고 어깨가 높다. 또한 어깨 부분이 둥글게 각이 졌으며 목이 좁은 것이 특징이다.
이러한 병 모양을 갖게 된 이유는 와인 속의 앙금이 따르는 도중 와인 병의 어깨 부분에 잘 걸리도록 해서 되도록 와인 잔에 흘러내리지 않도록 하기 위해서다. 보르도 와인은 다른 와인에 비해 미세하고 가벼운 앙금이 와인 속에 많이 떠다닌다.

▷ 부르고뉴형

부르고뉴형은 보르도형 다음으로 가장 일반적으로 볼 수 있는 와인 병이다. 부르고뉴형은 전체적으로 통통한 하반신이 대표적인 특징이다. 이는 보르도 지역의 와인만큼 앙금이 그리 많지 때문이다.
병입 전에 앙금을 걸러내는 여과 과정을 거쳐 어깨가 낮고 부드럽게 곡선을 이루는 형태로 디자인된다.

▷ 버건디형 및 론형

프랑스 버건디 지역의 와인 병은 어깨 경사각이 부드러우며 무겁고 뚱뚱하다. 론 지역은 버건디형과 비슷한데 병 둘레가 조금 덜 뚱뚱하다. 조금 더 굴곡과 각이 진 어깨의 모양으로 디자인되기도 하는데 이는 전통적인 꼬뜨 뒤 론 지역의 와인에 이용된다.

▷ 알자스형

프랑스 알자스 지방의 와인 병은 플루트 병이라고도 불린다. 길쭉하고 어깨 부분이 날씬한 경사를 이루면서 내려져 있어 플루트 모양과 닮았을 뿐만 아니라 독일 지역과 인접해 있어 전통적인 독일 와인 병 형태를 닮았다. 대부분 화이트 와인 병에서 찾아볼 수 있는 스타일로 드라이 와인부터 스위트 와인까지 모두 이용된다.

▷ 샹파뉴형

스파클링 와인 병은 일반 와인 병보다 두꺼우며, 부르고뉴형보다 어깨가 넓으면서 나지막한 어깨를 지니고 있다. 이 또한 기능적인 이유를 담고 있는데 병 속의 탄산 압력을 견뎌내기 위한 것이다.

9. 병 밑의 찌꺼기 - 주석산염(Tartrate, 酒石酸鹽)

레드 와인을 마시다 보면 밑바닥에서 찌꺼기가 올라와 잔에 섞이는 때가 간혹 있다. 와인에 이런 불순물이 있으면 그 와인이 변질된 불량품이라 생각하기 쉽다. 그러나 이 와인은 불량품이 아니라 오히려 정상적으로 숙성된 양질의 와인이다. 그럼 이 찌꺼기는 어째서 생기며 그 정체는 과연 무엇일까.

주석산염

찌꺼기의 정체는 주석산염이다. 와인 속의 다이아몬드라고도 불리는 주석산염은 와인이 숙성하면서 와인 속에 함유된 주석산(酒石酸 Tartaric Acid)이 칼슘이나 칼륨, 탄닌, 안토시아닌(색소) 등과 결합해 병 밑이나 코르크 마개, 숙성 탱크 바닥 등에 가라앉아 생긴 침전물이다. 발효 상태의 와인에는 주석이 많이 들어 있다. 이 주석이 와인 온도가 낮아지면 칼슘, 칼륨 등 무기질과 화학적으로 결합해 염(鹽)을 만든다. 주석산염은 온도가 낮을수록 더 쉽게 형성된다.

고급 레드 와인의 경우 보관 후 8-10년이 되면 주석산염 침전물이 생긴다. 화이트 와인에는 무기질이 적기 때문에 주석산염이 상대적으로 적게 생긴다. 주석산염은 인체에 해가 전혀 없다. 최근에는 주석산염이 피부각질 제거에 효과가 있는 것으로 알려져 이를 애용하는 사람이 늘어나고 있다고 한다.

그러나 주석산염이 생기면 상품 가치가 떨어지므로 원액 저장고에서 미리 분리하거나, 완제품 와인을 마시기 전 디캔팅(Decanting)해서 분리한다. 일부 와인 애호가들은 와인 병 속을 주의 깊게 살펴서 침전물이나 주석산염이 보이는 와인을 일부러 골라서 마신다. 그만큼 주석산염은 정상적으로 숙성된 와인에서 발견되는 침전물임을 말해 준다.

주석산염을 제거할 때는 온도를 차게 해서 염이 쉽게 형성되도록 하는 방법을 많이 쓰고 있다. 일반적으로 테이블 와인은 -5.5°C에서 5일, -3.9°C에서 2주간 거의 얼지 않도록 유지한다. 디저트 와인은 -7.2°C에서 -9°C 사이에서 일정 기간 두게 되면 주석산염이 생긴다. 이때 이를 제거하면 된다.

10. 디캔팅(Decanting)

디캔팅은 병에 들어 있는 와인을 디캔터(Decanter, 와인을 부어서 따라 받는 유리병)에 옮기는 것을 말한다. 디캔팅을 하는 이유는 와인 병 속에 가라앉은 불순물과 주석산염을 분리하고 와인 맛을 더 부드럽게 하기 위해서다. 오래된 와인은 병 밑에 주석산 등이 침전해 있을 수 있다. 레드 와인 특히 보르도 와인이나 빈티지 포트 와인(Vintage Port Wine)에 많이 생긴다. 따라서 이런 침전물이 있는 와인을 마실 때는 디캔팅을 하는 것이 좋다. 와인에 침전물이 생기는 주요 이유는 와인이 생산지에서 외국으로 수출될 때 배 안에서 많이 흔들려 이물질이 생길 수 있기 때문이다. 따라서 프랑스 등 와인 생산국에서는 디캔팅을 별로 하지 않는다. 영국 등 와인 수입국들이 이물질을 가라앉히기 위해 디캔팅을 한 것이 디캔팅의 발단이다.

디캔팅을 하는 방법과 순서는 이러하다.

① 와인 병을 마시기 하루 전에 세워 놓는다. 이래야 침전물이 병 바닥에 가라앉는다.
② 마시기 1-2시간 전에 코르크 마개를 딴다. 숙성이 덜된 영 와인은 2시간 전쯤에 열어 놓고, 오래된 와인은 1시간 전쯤에 열어 놓는다.
③ 레드 와인을 디캔터에 따른다. 따를 때 오른손은 와인 병을 왼손은 디캔터의 주둥이 부분을 잡고 서서히 따른다. 침전물을 보다 잘 확인하기 위해 아래쪽에 촛

불을 켜 놓으면 좋다.

④ 천천히 따르다가 최초의 침전물이 나오면 따르는 것을 그친다.

디캔팅

디캔팅은 오로지 침전물만을 분리하기 위해 하는 건 아니다. 와인 맛을 보다 부드럽게 하기 위해서도 디캔팅한다. 와인은 공기와 접촉하면 산화가 빨리 이뤄진다. 따라서 마실 와인의 맛을 보다 부드럽게 하려면 미리 1-2시간 전에 디캔터에 옮겨 놓으면 좋다고들 한다. 숙성이 덜 된 레드 와인은 공기와 접촉하면 탄닌 성분이 약간 부드러워져서 향미(Flavor)가 좋아진다. 그러나 숙성이 잘된 와인은 공기를 너무 쐬면 급속히 산화하므로 공기와 접촉하는 시간을 너무 많이 허용하면 안 된다. 이런 와인은 공기를 너무 오래 쐬면 좋은 향이 빠져나간다.

디캔팅했을 때 빠뜨려서는 안 되는 사항이 있다. 디캔터에 옮겨 놓은 와인은 그것이 어떤 와인인지 알 길이 없다. 따라서 호스트나 소믈리에는 반드시 사람들에게 디캔팅한 와인이 어떤 와인이지를 정확하게 알려줘야 한다. 그래야 마시는 사람들은 지금 무슨 와인을 마시고 있는지 알 수 있다.

와인 마시기 전 주의 사항

디캔팅을 하거나 하지 않더라도 마시기 전에 지켜야 할 주의 사항이 있다.
첫째, 레드 와인의 온도는 병을 손으로 만졌을 때 약간 차다고 느낄 정도가 좋다. 너무 차면 레드 와인에 함유된 탄닌이 오히려 더 떫은맛을 낸다.
둘째, 와인 마시는 자리에서는 가급적 화장을 하지 않거나 엷게 하는 게 좋다. 화장을 짙게 하면 화장 냄새로 와인 향이 가려진다.
셋째, 와인을 마실 때는 너무 자극적이거나 냄새가 강한 발효식품이나 레몬 등은 먹지 않는 게 좋다.

11. 오크통의 비밀

와인 코르크 마개를 따다 보면 병 속에서 은은하게 발효한 듯한 나무 향을 느낄 수 있다. 이 향은 포도의 고유한 맛과는 또 다른 향이다. 이 은은한 냄새는 다름 아닌 와인을 숙성시킨 나무통, 즉 오크나무(참나무의 일종으로 재질이 단단해 가구재로도 쓰임) 통에서 숙성되는 동안 알코올에 의해 추출된 나무 성분이 병 속에서 화학적 변화를 거쳐서 나온 향이다. 이런 나무 향은 부케(Bouquet)향 중의 하나다. 대개 와인은 병입 전 나무통 속에서 1년 반 또는 2년 정도 숙성된다. 이 과정에서 오크의 여러 나무 향이 와인에 녹아 복합적인 향을 낸다.

오크(Oak)

서양에서 술을 숙성하는 데 사용하는 나무통은 재질이 거의 참나무(Oak) 계열이다. 그러나 술 종류에 따라 사용되는 오크 재질은 약간씩 다르다.
위스키 등 곡물 증류주를 숙성하는 오크는 참나무(상수리나무 : 일명 굴밤나무라고도 함)이고, 와인을 숙성시키는 오크는 떡갈나무다. 떡갈나무 역시 참나무 계열이지만 참나무(굴밤나무)와는 약간 다르다.
따라서 위스키에서 나는 나무 냄새와 와인에서 나는 나무 냄새는 서로 약간 다르다. 아마도 참나무 향은 위스키 등 곡물 증류주에 맞고, 떡갈나무 향은 와인, 꼬냑 등 브랜디류에 맞기 때문으로 보인다.

와인 메이커들은 와인에서 나는 나무 향이 와인의 고유하고 독특한 향을 해치지 않는 범위 안에서 서로 잘 조화되도록 세심한 주의를 기울인다. 그래서 이들이 가장 주의를 기울이는 건 와인의 숙성 기간이다. 숙성 기간의 여부에 따라 나무 향이 짙게 밸 수도 있고 얕게 밸 수도 있다.

메이커들은 또 새 통과 헌 통의 사용 여부를 고려하기도 한다. 대개 헌 통은 5-6회 정도 사용한다. 통이 새것일수록, 그리고 크기가 작은 것일수록 나무 향이 더 많이 배게 된다. 그리고 대체로 고급 와인일수록 큰 떡갈나무 통속에서 발효 과정과 숙성이 이뤄진다. 이 경우 나무 냄새가 더 많이 배서 와인 향이 더욱 깊고 섬세해진다.

와인 지하 저장고

최근에는 발효 온도 등을 자동 조절할 수 있는 스테인리스 탱크에서 발효하고, 숙성만 나무통에서 하는 과정이 개발되어 이용되고 있다. 과연 어느 과정이 좋을지는 모르지만, 와인 제조 과정은 그래도 전통방법이 더 정통적인 와인 맛을 내지 않을까 하고 생각해 본다.

오크는 와인의 향과 풍미(Flavor)에 상당히 중요한 역할을 하다. 그래서 메이커들은 포도 품종 선택 못지않게 오크나무 선택에도 많은 신경을 쓴다.

오크나무에는 수백 종이 있다. 대체로 흰색 계열의 화이트 오크와 붉은 색 계열의 레드 오크로 구별된다. 와인에는 대부분 화이트 오크가 사용되며, 가장 품질 좋은 오크는 프랑스의 리무쟁산을 친다. 또 프랑스 네베르산, 트롱세산도 유명하다. 대중적인 와인에는 미국산과 포르투갈산, 스페인산 오크를 많이 쓴다.

코르크와 올리브나무

스페인과 포르투갈을 여행해 본 사람이라면 여행 중에 끊임없이 이어지는 코르크(Cork)나무 숲과 올리브(Olive)나무 숲을 봤을 것이다. 코르크나무 숲은 매우 이국적인 풍광을 우리에게 안겨 준다. 10m가 넘는 제법 키 큰 나무가 중간 허리 아랫부분이 온통 벗겨져 마치 벌거숭이 모습을 하고 있다. 처음에는 왜 나무가 저 모양인지 하고 누구나 의아해한다. 안내자에게 물어보면 코르크나무라고 한다.

수명이 300-400년이나 되는 코르크나무는 수령 50년이 넘어야 코르크를 생산한다. 6월에서 8월 사이에 손도끼를 이용해서 껍질을 벗긴다. 그 껍질이 바로 코르크다. 코르크 채취는 8-10년에 한 번씩 한다. 코르크나무는 참으로 유용한 나무다.

껍질을 벗겨낸 코르크나무

비교적 지대가 낮은 구릉지대에는 키가 3-4m 정도인 올리브나무가 강한 햇빛을 받으면서 건조한 기후에도 잘 자라고 있다. 올리브 열매는 기름으로 짜서 식용으로 쓰인다. 또 유럽인들은 열매를 소금에 절여서 마치 우리나라 김치처럼 밑반찬으로 쓴다.

이 두 나무는 스페인과 포르투갈의 주요 수출품이다. 저렇게 유용한 나무가 잘 자라서 나라 경제에 큰 보탬이 되고 있는 걸 보면서 부러운 생각이 들었다.

와인용 오크통을 만들 때는 통을 불에 그을리는 정도가 중요하다. 대개 위스키 통은 강하게 그을리고, 와인용은 가볍게 그을린다. 오크통의 나무 향은 불에 그을린 정도에 따라 달라진다.

오크통의 역할에는 이처럼 나무 향이 배게 하는 것 말고도 여러 가지가 있다. 오크는 나무 조직의 미세한 구멍을 통해 와인이 산소와 접촉하여 화학적 변화를 일으키게 한다. 그래서 와인의 색깔을 안정시키고 거친 향과 맛을 부드럽게 하는 작용을 한다. 또 오크 자체에 함유된 탄닌과 색소 등이 와인에 스며들어 색깔과 맛을 풍부하게 한다.

오크통에서 숙성한 와인은 색깔이 짙고, 특히 화이트 와인의 경우 더욱 그렇다. 단 오크통에서 숙성하면 포도의 풍부한 과일 향과 신선한 맛이 조금은 약해진다. 그래서 포도 맛만을 뚜렷하게 느끼게 하도록 콘셉트를 맞춘 와인은 오크통 숙성을 하지 않고 다른 방법으로 숙성시키기도 한다.

오크통은 마법의 술통은 아니지만 와인을 더욱 풍미 있고 섬세하고 깊은 맛을 내게 하는 신비의 술통임에는 틀림없다. 와인을 숨 쉬게 하는 생명의 술통… 오크통은 와인 애호가에게 미식(美食)의 즐거움과 안락함을 가져다주는 행복의 통이기도 하다.

12. 와인은 과학이다 - 근거 없는 얘기들

우리나라에서 1960-1970년대에 해마다 여름이면 어느 집 할 것 없이 포도를 사서 설탕과 소주를 넣고 와인을 담갔다. 그 맛에 익숙한지 와인 하면 으레 달달한 설탕 와인을 연상했다. 근데 사실은 그건 엄격한 의미의 와인이 아니었다. 와인에는 인위적으로 설탕이나 주정을 섞지 않는다.

와인은 소주에 설탕 넣고 담는 것이라는 예전 상식을 이제는 버릴 때가 됐다. 우리 주변에는 와인을 너무 신비스러운 듯이 바라보거나, 과학적인 근거 없이 떠도는 소문을 진실인 양 믿는 사람들이 많다. 와인은 과학적 설명이나 해석 없이는 어떤 얘기도 설득력을 가질 수 없다. 와인과 관련한 근거 없는 얘기를 과학적으로 풀어본다.

1) "와인은 오래될수록 좋다"

이 설이 잘못됐다는 건 이제 상식에 속한다. 오래될수록 좋아지는 와인은 최고급 레드 와인이나 소테른 스위트 화이트 와인에 해당되는 이야기다. 일반적인 값싼 와인은 병에 넣을 때가 가장 맛있다. 특히 값싼 화이트 와인은 될 수 있으면 최근 빈티지에서 2-3년 이내의 것을 구입하는 것이 좋다. 와인은 언젠가 부패한다. 다만 그 기간이 와인의 종류에 따라서 다를 뿐이다.

2) "눈물이 많을수록 좋은 와인이다"

와인을 마시고 테이블에 글라스를 놓으면 글라스 속에 흘러내린 와인 흔적이 남는다. 이 흔적을 '와인의 눈물'이라 부른다. 영어로 Tear 또는 Leg라고 한다. 이 '눈물'은 와인의 품질과는 아무 관계가 없다. 이런 현상은 알코올 농도가 높을수록 잘 일어난다. 이 현상은 와인이 글라스 벽을 타고 흘러내릴 때 순간적으로 알코올이 먼저 증발하면서 표면장력이 커지기 때문에 일어난다. 위스키나 꼬냑으로 하면 훨씬 더 잘된다.

3) "와인 병 밑이 깊을수록 좋은 와인이다"

이것도 근거 없는 이야기다. 병은 각 와이너리마다 그들의 취향대로 개성껏 만들었을 것이다. 병 모양이 와인의 질을 좌우하지 않는다. 병 밑 부분을 영어로 Pushup 또는 Punt라고 한다. 병 바닥을 이렇게 만들면 부피가 줄어들어 같은 용량이라 하더라도 더 크게 보이는 효과는 있지만, 와인의 품질과는 관계가 없다. 이 이론이 옳다면 바닥이 평평한 병을 주로 사용하는 독일 와인은 전부 저질 와인이 된다.

4) "코르크 마개는 숨을 쉰다"

이 얘기도 사실 여부를 따져야 한다. 과학적 연구에 따르면 코르크 마개는 한 달에 0.01mℓ(1mℓ = 1/1,000ℓ) 정도의 공기가 통과한다고 한다. 그런데 이 정도의 공기는 무시해도 좋을 만한 극소량이다. 그러므로 와인이 숙성하는 데 코르크 마개가 숨을 쉬는 게 주요 요인이라고 말하는 건 과장된 표현이다. 코르크를 통한 공기의 영향은 거의 없다고 봐야 한다. 병 속에 있는 와인의 숙성은 공기하고는 거의 무관하다. 시간이 지나면서 와인 속에 함유된 각종 유기물이 서로 화학변화를 일으켜 와인을 숙성시킨다. 와인은 원래 공기하고는 상극이다.

5) "서빙 전 코르크를 따놓으면 와인 맛이 좋아진다"

흔히들 와인을 미리 따두면 와인이 숨을 쉬어서(Breathing) 더 깊은 맛이 난다고들 말한다. 이 말이 전혀 틀린 건 아니다. 빈티지가 오래됐거나 풀 바디한 와인은 한두 시간 전에 코르크를 따놓으면 공기와 접촉해서 산화작용을 빨리 일으킨다고 한다.

그러나 다시 생각해 보면 이런 얘기도 그리 신뢰할 만한 것은 아니다. 와인을 한두 시간 따 놓는다고 맛이 변하면 얼마나 변할 것이며, 과연 한두 시간 만에 와인 맛이 더 숙성할 정도로 와인이 산화하는지도 의문이다. 그렇게 의문이 든다면 직접 확인하면 된다. 와인을 한 병 마시려면 대개 한두 시간 정도 걸릴 것이다. 그런데 와인을 따서 첫 잔을 마실 때의 와인과 병을 비울 때 마지막 잔의 와인 맛이 과연 변했는지 확인해 보자. 생화학적으로는 조금 변했을지 몰라도 느끼는 맛은 변하지 않았을 것이다. 그런데 와인을 첫잔 마실 때 느끼는 맛과 나중에 마시는 것과는 약간 차이가 난다. 그것은 시간이 경과하면서 산화해서 변했다기보다는 혀 미각이 차츰 그 와인에 익숙해졌기 때문이다.

실제로 한두 시간 전에 코르크를 따놓는 것은 디캔팅할 때 코르크를 미리 따서 침전물을 가라앉힐 시간이 필요해서다. 또 하나 이유가 있다. 코르크를 미리 따 두면 혹시 있을지 모를 아황산가스 등 나쁜 냄새를 제거할 수 있다는 점이다.

6) "와인은 빈티지 차트를 보고 골라야 한다"

와인 초보자들이 빈티지에 관해 알게 되면 와인을 구입할 때 빈티지를 엄청 따지는 경우를 종종 목격한다. 그러나 빈티지는 유럽산 와인, 그것도 고가의 오래된 명품 와인을 고를 때 필요하다. 유럽산이라도 5년 이내의 영 와인에는 빈티지가 사실 별 의미를 가지지 않는다. 더구나 우리가 주로 마시는 10만 원 미만의 와인은 빈티지를 따질 만한 그런 와인이 아니다. 또 우리나라에 들여오는 대부분의 와인은 수입되자마자 바로 시판되므로 그런 와인에 빈티지를 따진다는 자체가 난센스다.

빈티지가 좋은 와인은 이미 시장 가격에 빈티지 요인이 반영돼 있다. 그러니 와인을 구입할 때 구태여 빈티지를 따질 필요가 없다. 굳이 따진다면 비싼 와인이 좋은 와인이라는 점이다. 명품 와인이 아닌 바에야 빈티지를 따질 게 아니라는 얘기다. 좋은 와인을 마시려면 빈티지보다는 가격을 따져서 사야 한다. 빈티지는 생산연도를 확인하는 수준에 그쳐야 한다.

8장

와인 서빙

와인 서빙은 와인 애호가들에게는 빼놓을 수 없는 즐거움 중의 하나다. 자신의 집에 손님을 초대하거나, 호텔이나 레스토랑에서 서빙하거나 간에 와인을 테마로 만나는 자리는 항상 즐거움과 열락이 뒤따른다. 집에 손님을 초대해서 와인을 서빙할 경우 정성을 들여야 할 부분이 꽤 있다.

와인 코르크 따기, 적정 온도 유지, 글라스 선택, 어울리는 음식 등 호스트가 직접 챙겨야 하는 부분이 적지 않다. 호텔 등 집이 아닌 곳에서 호스트가 준비해야 할 사항도 집에서와 비슷하다. 다만 호텔 등에서는 소믈리에와 서빙 인력이 있으므로 그들의 도움을 받을 수 있다〈6장. 호스트와 게스트 참고〉. 그러나 이런 준비 과정보다 더 중요한 것은 와인을 마시면서 서로 편하고 의미 있는 커뮤니케이션으로 가장 좋은 만남의 자리를 만드는 일이다.

1. 호텔, 레스토랑 와인 서빙

호텔 측에서 와인 서빙을 할 경우 가장 중요한 사항은 호텔 측이 손님들을 최대한 편하게 해 주어야 한다는 점이다. 호텔 측이 지켜야 할 기본 사항은 이러하다. 손님의 선호도 및 가격 등을 고려하여 다양한 와인을 준비한다. 준비한 와인을 종류별로 분류하고, 적합한 조건을 갖춘 곳에 저장한다. 또한 소믈리에는 보유 중인 와인을 빠짐없이 맛을 봐서 각 와인의 특성을 알고 있어야 한다. 와인 생산지, 빈티지, 품종 등 와인에 관한 다양한 정보를 수집하고 이를 손님에게 적절한 방법으로 알려 주어야 한다.

소믈리에가 수행할 가장 중요한 일은 뭐니 해도 손님들이 즐거운 분위기 속에서 식사하고 담소하고 와인을 마시도록 도와주는 일이다. 특히 식사와 와인 주문 시 소믈리에가 요란을 떨면 손님들이 부담을 느낀다. 소믈리에의 가장 중요한 덕목은 손님을 가장 편하게 하는 일이다.

손님을 가르치려 드는 것은 소믈리에가 하지 말아야 할 첫 번째 금기사항이다. 가볍고 즐거운 마음으로 식사하는 자리에, 또는 비즈니스하는 자리를 소믈리에가 부담을 주면 안 될 일이다. 좋은 호텔, 훌륭한 레스토랑이라는 평가를 들으려면, 잘 훈련된 서비스맨의 도움으로 모든 사람이 즐거운 마음으로 와인과 식사를 주문하고 함께 즐길 수 있는 공간이 되도록 해야 한다.

좋은 레스토랑은 와인 리스트가 잘 구성되어 있고, 와인에 관한 대체적인 정보를 언제라도 손님에게 제공할 수 있어야 한다. 서비스맨들은 식사와 와인에 대해 풍부한 지식을 갖고 있어야 한다. 그래서 언제든지 손님의 의문 사항에 정확하고 쉽게 설명할 수 있어야 한다. 그리고 손님에게 최상의 서비스를 할 수 있도록 만반의 태세를 갖추고 있어야 한다. 호텔과 레스토랑에서의 와인 서비스에 대해 알아본다.

1) 소믈리에 서빙

손님이 메뉴를 고르는 동안 소믈리에는 테이블에 와서 식전주(Apertif)나 칵테일을 권한다. 음식 메뉴가 선택되면 소믈리에는 다시 와인 리스트를 제공한다. 그리고 식전주로 고른 화이트 와인을 아이스 버켓(Ice Bucket)에 넣어서 첫 식사가 제공되기 전에 테이블에 가져와 손님들이 마시도록 한다. 그리고 식사가 나오고 주요리 와인으로 레드 와인이 나오면 소믈리에는 손님 테이블에 직접 와인을 가져와 코르크 마개를 딴다. 그리고 호스트에게 코르크 마개를 건네서 이상 여부가 있는지 냄새를 맡게 한다. 이런 와인 서비스에서 거쳐야 할 사항을 알아본다.

소믈리에가 와인을 테이스팅하고 있다

(1) 와인 리스트

우리나라 호텔이나 레스토랑에 비치된 와인 리스트에는 대개 일련번호와 와인명, 와인 종류, 가격 등이 표시돼 있다. 그러나 와인 리스트를 보다 충실히 만들려면 어떤 와인이 어떤 요리와 가장 잘 어울리는지를 설명해놓는 것이 좋다. 이렇게 하면 와인 초심자라도 와인을 고르는데 어려움을 덜 겪는다.

여러 나라 와인이 있을 경우 일단 나라별로 와인을 분류하고, 지역과 와인 색깔에 따라 분류하는 것이 좋다. 그런데 현실적인 문제로서 와인 리스트를 보면 대개 각국 나라 언어로 와인 이름을 적어 놓아 와인 초심자들이 적이 당황할 때가 있다.

만약 이런 상황을 맞게 된다면 어렵게 생각할 것 없이 와인 명 왼쪽에 기재돼 있는 일련번호를 말하면 된다. 그러나 이것도 저것도 잘 모른다 싶을 때는 소믈리에의 조언을 들어서 결정하는 게 편하다.

(2) 와인글라스

와인글라스가 와인 맛을 다르게 한다면 이를 믿는 사람이 얼마나 될까. 그러나 그건 사실이다. 똑같은 와인이라도 글라스 모양과 크기에 따라 맛과 향이 다르게 느껴진다. 그래서 어떤 와인 애호가들은 와인 종류와 심지어 포도 품종에 따라 각기 다른 글라스를 사용하기도 한다.

와인글라스

일반적으로 와인글라스는 튤립 모양에 긴 다리가 달려 있다. 다리가 긴 것은 사람의 체온이 와인에 직접 전달되지 않도록 배려하기 위함이다. 그리고 글라스의 몸통은 볼록하고 위로 올라갈수록 입구가 좁아지는 이유는 와인의 향기가 가급적 밖으로 나가지 않고 잔속에서 맴돌도록 하기 위해서다.

그러나 꼬냑이나 알마냑 잔은 손으로 감싸 쥘 수 있게 돼 있다. 이런 브랜디류는 글라스를 손에 쥐어서 손에서 나는 열로 향이 잔 안에 가득 차게 한다. 향이 밖으로 못 나가게 하는 와인과 다르다. 꼬냑은 손으로 데워 마신다는 의미로 핸드 왐 와인(Hand-warm Wine)이라고 한다. 꼬냑과 알마냑은 그래서 다리가 짧다.

글라스에 담긴 와인을 마실 때 첫 모금이 입안에 들어가 혀의 어느 부분에 먼저 닿느냐에 따라 맛이 달라진다. 글라스 몸통의 크기와 높이, 입구의 지름이나 경사각도에 따라 같은 와인이라도 맛이 달라지는 건 바로 이 때문이다. 글라스 입구가 큰 글라스로 마시면 자연스럽게 머리가 숙여지면서 와인이 혀에 닿는 부위가 넓어진다. 반대로 입구가 좁은 글라스는 고개가 뒤로 젖혀져 혀에 닿은 부위가 좁아지고 혀의 앞부분이 먼저 닿기 때문에 미묘한 맛의 차이를 나게 한다. 와인 애호가들이 와인 마실 때 와인글라스를 까다롭게 고르는 게 바로 이런 이유에서다. “와인잔을 잘 고르면 와인 맛이 달라진다.”

레드 와인용 글라스는 입구가 감싸듯 오므려진 달걀 모양으로 크고 오목해서 와인이 혀의 뒷부분에 떨어질 수 있도록 해놓았다. 그래야 레드 와인의 떫고 씁쓸한 맛을 더 잘 느낄 수 있다. 화이트 와인용 글라스는 글라스 밑 부분이 달걀형이고 입구는 끝까지 쭉 뻗은 다소 작은 글라스다. 그리고 레드 와인글라스보다 덜 오목해서 와인이 혀의 앞부분에 떨어지도록 되어 있다. 상큼한 화이트 와인 맛을 혀 앞쪽에서 느끼도록 배려함이다. 그리고 샴페인 글라스는 기포가 오래 올라오면서 잘 보일 수 있도록 하기 위해 좁고 길게 생긴 플루트(Flute) 모양으로 만든 글라스다. 글라스는 무색투명해야 하며, 심플하고 두께가 얇을수록 좋다.

와인은 글라스의 가장 볼록한 부분인 보올(Bowl)까지 따르는 것이 좋다. 그리고 와인이 절반 정도 줄어들면 다시 보울 부분까지 채워 준다. 그리고 서양식 예법으로는 다른 사람이 자기 잔에 와인을 따라줄 때 글라스를 손으로 들거나 손잡이를 잡고 있는 건 예의가 아니다. 가만히 있다가 다 따랐을 때 감사하다거나 좋다는 식으로 예의를 표현하는 게 정상이다. 그러나 이 방식은 서양식이니 굳이 우리가 따라 하지 않아도 된다. 그러나 금기사항은 있다. 와인을 따라줄 때 와인 잔을 들고 받으면 안 된다는 점이다. 와인 잔을 들지 않고 아랫부분의 손잡이 위에 손을 가만 얹고 있다가 다 따른 후 감사하다는 표시를 하면 무난하지 않을까 싶다.

한 가지 유념할 게 있다. 샴페인이나 꼬냑 등은 그 목적에 맞는 글라스를 사용하는 게 바람직하지만, 식사 때 마시는 와인에는 일반 와인글라스로도 충분하다. 어떤 와인에는 반드시 그에 맞는 어떤 글라스로 마셔야 한다는 법칙은 없다. 입구가 오목하고 손잡이가 긴 글라스면 웬만한 와인은 다 마실 수 있다. 그러므로 잔에 너무 애착하지 않는 게 오히려 편할지 모른다.

와인 맛은 글라스에 따라 다르다

와인글라스 하나로 세계를 정복한 오스트리아 리델(Riedel)사 게오르그 리델(Georg Riedel) 전 사장이 십여 년 전 와인글라스에 대해 이렇게 말했다.

"와인 맛을 결정하는 요인으로는 알코올, 과일 향(단맛), 신맛, 떫은맛(탄닌) 이렇게 네 가지를 꼽습니다. 이 네 가지 요소가 균형과 조화를 이루도록 포도 품종에 따라 잔 크기와 모양을 달리한 것이 리델 글라스입니다."

리델 글라스

그는 "와인글라스에 따라 와인의 향과 맛이 달라지는 이유는 단맛, 신맛, 짠맛, 쓴맛을 느끼는 혀의 부위가 다르기 때문이며, 와인을 마실 때 와인이 혀의 어느 부분에 먼저 닿는가가 와인의 맛을 결정한다."고 말했다.
모차르트가 태어난 해인 1756년에 설립된 리델사는 260여 년의 역사를 자랑하는 장수 기업이다. 창업주의 자손이 대를 이어 기업을 경영해 온 전형적인 '패밀리 기업'이다. 현 사장인 막시밀리안 리델이 창업주 크리스토프 리델(1678-1744)의 11대손이다.
'세계 최고의 와인을 만든다'고 자부하는 유명 와이너리들도 리델 글라스를 찾는다. 코팅을 하지 않은 투명한 리델 잔이 와인 고유의 색상, 향, 맛 등을 가장 잘 표현한다고 인식하기 때문이다.

(3) 와인글라스의 구성

① 립(Lip)

와인을 마실 때 입에 닿는 부분이다. 립 부분은 아래쪽인 보울(Bowl) 부분보다 지름이 작다. 그 이유는 와인의 향과 느낌이 금방 새나가지 않도록 하기 위해서다. 특히 부르고뉴 레드 와인을 마시는 와인 잔은 립 부분의 지름이 보울 부분 지름의 1/2 밖에 되지 않을 정도로 좁다.

② 보울(Bowl)

와인 잔 중에 지름이 가장 넓은 부분이다. 와인은 이 부분까지 따른다.

③ 스템(Stem)

와인 잔의 다리 부분을 말한다. 와인을 마실 때는 대개 스템을 잡고 마신다. 스템을 잡고 마시는 이유는 첫째, 이 부분을 잡고 있어야 잔 속의 와인이 투명하게 잘 보이고, 둘째 와인 잔에 지문이 묻거나 와인 온도가 올라가는 것을 방지하기 위해서다.

그러나 반드시 스템을 잡고 마시지 않아도 된다. 혹자들은 잔을 손에 잡으면 와인 온도가 올라가서 안 된다고들 말하지만, 실제로 손을 잔을 만진다고 온도가 얼마나 올라갈지 의심스럽다. 잡는 위치에 대해 너무 민감할 필요는 없다.

다만 시원한 온도가 청량감을 주는 화이트 와인이나 샴페인을 마실 때는 가급적 스템을 잡는 게 좋다.

④ 베이스(Base)

와인 잔의 가장 아랫부분으로, 테이블에 닿는 부분이다. 혹자들은 와인 테이스팅할 때 베이스를 잡고 컬러와 선명도 등을 확인한다.

이상적인 와인글라스 선택 요령

와인을 마실 때 확인하는 순서가 있다. 먼저 색(Color)을 확인하고, 그다음에 향취(Aroma & Bouquet)를, 마지막으로 맛(Taste)을 본다. 이 세 가지가 만족스러워야 와인을 즐겁게 마실 수 있다.

세 가지 조건을 만족시키기 위해서는 가능한 다음 사항을 준수하는 것이 바람직하다.

첫째, 와인 원래의 색을 즐기기 위해 무색투명한 크리스탈 글라스를 택한다.

둘째, 향취를 위해 약간 큼직한 튤립 형태의 입이 움츠린 글라스를 택한다.

셋째, 섬세한 맛을 느끼기 위해 글라스 립 부분이 얇고 매끈한 것을 택한다.

넷째, 와인 색을 즐기고 손 온기가 느껴지지 않도록 와인글라스의 다리가 약간 긴 것을 택한다.

⑷ 와인 종류별 글라스 선택

어떤 와인글라스를 선택하든 가장 먼저 지켜야 할 준수사항은 글라스를 항상 깨끗하게 유지하는 일이다. 특히 샴페인 잔은 더욱 깨끗해야 한다. 글라스를 닦을 때는 입구를 손으로 잡지 말고 부드러운 천으로 감싼 다음 천을 깊숙이 넣어 광택을 내야 한다. 이때 잘못 힘을 주어서 잔이 깨지지 않도록 주의해야 한다.

보르도 와인글라스

① 보르도 와인글라스

보르도 와인은 탄닌 성분이 강하므로 혀의 안쪽에 와인이 떨어질 수 있도록 보올이 크고 립이 좁은 글라스가 좋다. 이 잔은 와인이 최소한 혀의 중앙 뒷부분에 닿게 함으로써 탄닌과 과일 향, 신맛의 조화를 잘 이룰 수 있도록 해 준다.

이 잔에 적합한 보르도 와인은 까베르네 쏘비뇽, 까베르네 프랑, 메를로 등이며, 이 밖에 스페인 리오하, 이탈리아 산지오베세 등도 좋다.

② 부르고뉴 와인글라스

부르고뉴 와인은 일반적으로 탄닌이 부드럽고 향이 연하다. 그러면서도 개성이 강하다. 따라서 부르고뉴 와인은 입속 깊숙이 떨어져야 탄닌의 부드러움과 개성적인 맛을 제대로 느낄 수 있다. 그래서 부르고뉴 와인을 마실 때는 와인이 입안에서 확 퍼지지 않도록 오므라든 글라스로 깊숙이 마시는 것이 좋다.

부르고뉴 와인글라스

이 글라스는 와인의 과일 향과 신맛의 조화를 잘 살려 준다. 이 잔에 적합한 와인은 바롤로, 바르바레스꼬, 삐노 누와르, 시라 등이다.

③ 화이트 와인글라스

화이트 와인글라스는 레드 와인글라스보다 립이 그리 적지 않아도 된다. 화이트 와인 특유의 청량감과 신맛을 금방 사라지게 하지 않는 범위 내에서 립을 적절히 넓게 해도 된다. 그렇다고 해서 립이 보올과 지름이 같거나 넓으면 안 된다.

화이트 와인글라스의 립 지름이 보올 지름보다 약간 좁아야 한다. 이 글라스에 적합한 와인은 리슬링, 쏘비뇽 블랑, 샤르도네, 삐노 블랑 등이다.

화이트 와인글라스

④ 샴페인 글라스

샴페인 글라스는 기포가 오래도록 올라오도록 하면서 그 기포가 눈에 잘 보여야 한다. 때문에 샴페인 글라스는 지름이 좁고 길쭉하게 만들어진다.

그래서 거의 모든 샴페인 글라스는 목관악기 플루트처럼 좁고 길게 생긴 모양을 하고 있다. 이 글라스는 샴페인이면 종류에 관계없이 모두 적합하다.

샴페인 글라스

(5) 와인 온도

와인 맛과 향은 온도에 따라 상당한 차이가 나므로 와인의 적정한 온도를 유지하는 게 생각보다 중요하다. 고급 와인일수록 온도에 민감하다. 화이트 와인의 경우 온도가 너무 높으면 밋밋하고 덤덤하게 느껴진다. 레드 와인이 너무 차면 레드 와인 특유의 아로마와 부케가 줄고 떫고 쓴 맛이 강해진다.

그러나 가장 적정한 절대온도는 없다. 마시는 본인이 맛있다고 느끼는 온도가 가장 적정한 온도다. 다만 와인의 독특한 풍미를 최대한 살려주는 온도에서 마시면 보다 좋은 맛과 향을 즐길 수 있다.

대체로 와인이 차면 신선하고 생동감 있는 맛이 느껴지며, 신맛과 쓴맛, 떫은맛이 강하게 나타난다. 온도가 높으면 향을 보다 더 느낄 수 있고, 숙성감이나 복잡성이 강해진다. 그러나 섬세한 맛은 줄어든다.

적정 온도는 어느 정도일까. 화이트 와인은 9-14℃, 레드 와인은 15-18℃, 샴페인은 6-8℃가 적정하다. 그러나 이것도 꼭 정해진 것은 아니다. 레드 와인도 취향에 따라 차게 해서 마실 수 있다. 예컨대 보졸레 누보 와인은 화이트 와인처럼 14℃ 이하로 차게 해서 마시면 오히려 청량감이 더 든다.

특히 더운 여름에는 화이트나 레드 할 것 없이 모두 차게 해서 마시면 좋다.

와인 버켓

와인을 즐기는 게 아니고 감정하기 위해 테이스팅 할 때는 온도를 너무 차게 하면 안 된다. 너무 낮으면 향이 가라앉아 느끼기 힘들므로 화이트 와인도 감정 시에는 상온에서 테이스팅한다.

가정에서 와인을 보관하고 있을 때는 온도 유지가 좀 힘들다. 특히 아파트 같은 주거장소에는 실내온도가 20℃ 이상 유지된다. 레드 와인을 마시려 할 경우 온도를 약간 낮게 할 필요가 있으므로, 이때는 마시기 한두 시간 전에 와인을 찬물에 그냥 넣어 두는 것도 한 방법이다. 화이트 와인이나 로제 와인은 두세 시간 전에 냉장고에 넣거나 20분 전쯤에 아이스 버켓에 넣어 두면 좋다. 냉장고는 1시간에 5-6℃ 정도 떨어지므로 실내온도를 고려하여 냉장 시간을 결정해야 한다.

와인 음용 적정 온도

드라이 화이트 와인 로제 와인	8-12℃가 적정하다. 너무 찬 와인을 제공해선 안 된다.
스위트 화이트 와인 샴페인 또는 스파클링 와인	드라이 화이트 와인보다 차게 제공한다. 6-8℃가 가장 좋다.
라이트 와인	10-12℃가 좋다. 창고 저장 온도로 제공한다.
올드 레드 와인	적정한 실내온도로 제공한다.
보르도산 레드 와인	17-18℃가 가장 적정하다.
부르고뉴산 레드 와인	15-16℃가 가장 좋다.

(6) 와인 운반

오래된 와인을 옮길 때는 주의해서 가져와야 한다. 왜냐하면 보르도 등에서 생산된 오래된 와인은 병 밑바닥에 침전물이 가라앉아 있는 경우가 있어서다. 이 침전물은 와인에 함유된 찌꺼기와 칼슘이 결합한 주석산(酒錫酸) 덩어리다. 마실 때 침전물이 올라오면 부유물이 떠다니는 듯한 느낌을 주므로 침전물

이 일어나지 않도록 주의해야 한다.

주석산은 인체에는 전혀 해가 없다. 침전물이 있을 때는 디캔터를 이용해 와인을 디캔터에 옮기는 것이 좋다.

오래된 와인을 제공할 때 가장 좋은 방법은 와인 바스켓(Basket)에 비스듬히 뉘어서 내놓은 방법이다. 그리고 저장실에서 꺼내올 때는 바스켓에 수평으로 조심스럽게 놓아야 한다.

(7) 코르크 마개 따기와 와인 따르기

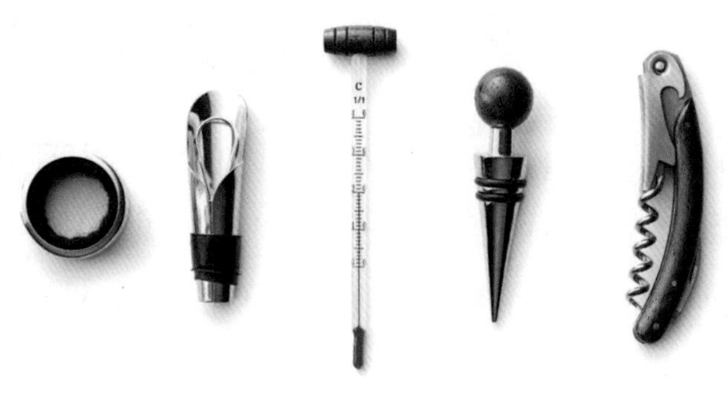

와인 스크류

와인 코르크 마개는 지름이 24㎜이고, 병 입구 지름은 18㎜이다. 샴페인은 코르크 지름 31㎜, 병 입구 지름 17.5㎜이다. 코르크는 이처럼 강하게 압축된 상태로 병 입구를 막고 있으므로 이걸 따는 데는 특별한 도구가 필요하다. 일반적인 코르크 마개 따는 방법은 이러하다.

① 병 입구를 싸고 있는 포일(Foil)을 칼로 조심스럽게 완전히 벗겨낸다.

② 코르크 스크류를 코르크 마개 가운데 맞춰서 마개의 끝부분까지 손잡이를 돌려

서 삽입한다.

③ 병을 꼭 잡고 스크류의 지렛대를 이용하여 서서히 힘주면서 코르크를 뽑는다.

④ 병 입구의 이물질을 제거하기 위해 깨끗한 천으로 닦는다.

⑤ 와인을 따를 때 디캔터나 와인 병의 목이 와인글라스에 닿지 않도록 주의한다.

샴페인과 스파클링 와인은 일반 와인 마개 따기와는 다르다. 샴페인에는 마개에 철사가 감겨 있어서 그것을 먼저 풀어야 한다. 코르크 마개 모양도 일직선의 원통 모양 마개와는 다르게 윗부분이 볼록한 모양을 하고 있다.

샴페인 코르크 마개와 철사

옥외 장소나 파티장에서는 일부러 샴페인 소리를 내고 샴페인이 밖으로 솟아 나오게도 하지만, 일반 자리에서는 주의를 기울여 소리가 나지 않도록 해야 한다. 샴페인 마개 따는 순서는 다음과 같다.

① 금색 포일로 덮인 코르크 마개 위의 철사 고리를 느슨하게 푼다.

② 왼손으로 병과 마개를 잡고 오른손으로 병 아래를 감싸 쥔다.

③ 병을 45° 각도로 약간 비스듬히 눕힌 상태에서 병 아래를 쥔 오른손을 시계 반대 방향으로 천천히 돌린다.

④ 병마개가 돌아가면서 내부 압력에 의해 마개가 쉽게 빠진다. 이때 '뻥' 하는 소리가 안 나도록 해야 하므로 마개를 꼭 잡고 서서히 가스가 빠져나가도록 한다.

공식적인 자리에서 와인을 아무렇게나 따르거나 무턱대고 마시면 자칫 예의에 어긋날 수 있다. 와인 따르기와 마시는 요령을 알아 두면 좋다.

① 와인 따르기

- 와인 병을 높이 들고 따르면 안 된다. 병목을 글라스에 가까이 대고 천천히 따른다.
- 병목을 글라스에 부딪치지 않도록 한다.
- 와인을 따른 후에는 병을 약간 돌리면서 들어 올려 방울이 주변에 떨어지지 않도록 한다.
- 아이스 버킷에서 와인을 꺼낼 때는 냅킨으로 싼다. 이때 라벨이 가려지지 않도록 한다.
- 와인은 글라스에 가장 볼록한 부분(Bowl)까지 따른다.

② 마실 때 주의점

- 레드 와인은 너무 차게 해서 마시지 않도록 한다. 레드 와인의 적정 온도는 병을 손으로 만지면 시원하게 느껴지는 온도다. 와인이 너무 차면 레드 와인의 탄닌 성분이 더 쓴맛을 낸다.
- 와인 자리에는 특히 여성의 경우 화장을 짙게 하는 것이 좋지 않다. 짙은 화장품 냄새가 와인 향을 가린다.
- 오렌지, 레몬, 요구르트 등 냄새가 강한 음식과 와인을 같이 하지 않는다.

(8) 디캔팅(Decanting)

까베르네 쏘비뇽 품종의 보르도 와인처럼 장기 숙성해야 하는 와인은 몇십 년씩 보관하는 게 흔하다. 와인은 병입 후에도 코르크 마개를 통해 극소량의 공기를 흡입해 매우 천천히 숙성해 간다. 숙성 중인 와인은 몇 년 지나면 병 속에 침전물이 생긴다.

오래된 와인을 마실 때는 그래서 하루 전에 와인을 세워 놓아서 침전물을 바닥에 가라앉혀야 한다. 와인을 따면 디캔터에 천천히 따라서 병 속에 남은 침전물을 제거하고 마시는 것이 좋다.

숙성이 덜된 와인은 공기와 접촉하면 맛이 약간은 부드러워지므로 미리 디캔팅을 한다. 그러나 숙성이 잘된 와인은 공기와 접촉하면 급속히 변질될 우려가 있으므로 병을 따면 가급적 빨리 마시는 것이 좋다. 숙성이 덜된 와인은 마시기 2시간 전, 그리고 오래된 와인은 1시간 전쯤에 따면 보다 나은 맛을 기대할 수 있다. 그러나 몇 시간 전에 마개를 따 놓는다 해도 과연 그것이 와인 맛에 얼마만큼의 변화를 줄지는 의문이다. 디캔팅 과정을 알아본다.

① 옆으로 누여서 보관 중인 와인을 하루 전에 세워서 침전물이 바닥에 가라앉도록 한다.

② 서빙하기 1-2시간 전쯤에 코르크 마개를 제거한다. 그러나 침전물 제거가 아니라 단순히 공기 접촉을 위한 디캔팅이라면 서빙 직전에 한다.

③ 레드 와인의 경우 병 색깔이 진하므로 침전물을 살피기 어렵다. 이때는 촛불을 켜서 병을 촛불 위에 들어서 침전물이 있는지를 살핀다. 촛불은 분위기도 살린다.

④ 왼손으로 디캔터를, 오른손으로는 와인 병을 잡고 천천히 따르면서 찌꺼기가 처음 나올 때까지 붓는다.

2. 와인 보관

좋은 와인을 마시기 위해서는 평소에 와인 보관을 잘해야 한다. 흔히 범하는 실수 중 하나가 와인을 세워서 보관하는 것이다. 와인 보관은 서늘하고 어두우며 건조한 곳에 뉘어서 해야 한다. 물론 움직이는 것도 금물이다.

지하 저장고

와인은 살아 있는 유기체와 같다. 숙성될 때까지의 기간이 있고, 숙성이 유지되는 기간, 그리고 쇠퇴해서 부패(식초)하는 과정을 거친다. 대체로 탄닌 함량이 많거나 알코올 농도가 높을수록 숙성 기간이 길고 오래 보관할 수 있다. 같은 와인이라도 보관 상태에 따라 그 수명이 달라진다. 잘못 보관하면 1-2년 내에 변질될 수 있다. 그래서 와인 보관은 와인 선택 못지않게 중요하다.

와인이 싫어하는 것들이 몇 가지 있다. 강한 광선, 높은 온도, 심한 진동이 그것이다. 좋은 와인을 잘 보관해서 보다 숙성된 맛을 즐기기 위해서는 이런 금기사항을 잘 지켜 보관해야 한다. 금기사항 중에 가장 지키기 어려운 게 있다. 바로 온도 유지 문제다. 이상적인 보관 온도는 10℃ 정도다. 그러나 이 온도는 특별한 장치와 특정 조건이 없는 한 지키기 어려운 온도다. 일부 전문가들은 20℃에서 몇 년간 보관해도 별문제가 없다고는 얘기한다.

프랑스 등 유럽에서는 개인 가정에서도 별도로 와인 창고를 둔다. 어둡고 서늘한 와인 창고에서 몇십 년씩 와인을 숙성시킨다. 우리나라에서는 이런 창고 설치가 대부분 어렵다. 부득이 와인 냉장고를 설치하는 수밖에 없다. 따라서 한두 병 정도 와인을 구입해서 빠른 시일 안에 마실 때에는 구태여 냉장시설을 설치할 필요가 없다. 그러나 자신이 와인 애호가라고 생각한다면 그리고 평소에 집에 와인을 제법 많이 보관하고 있다면, 와인 저장창고나 냉장 시설을 갖추는 게 바람직하다.

와인 재테크 - 보관 잘해야 돈 된다

1982년산 프랑스산 샤토 르뺑(Le Pin)은 3,000만 원을 주고 사려고 해도 시중에 매물이 없다. 샤토 르뺑은 1999년만 해도 200만 원 안쪽에서 거래됐던 와인이다. 또 지난 2000년대 초에 70만 원 선에서 거래되던 2000년산 샤토 마르고(Margaux)는 최근 170만 원선을 형성하고 있다.

유명 와인 가격이 이렇듯 급등하고 있는 이유는 '희소성' 때문이다. 특히 포도 작황이 좋았던 해의 와인은 시간이 지날수록 그 가치가 상상을 초월할 정도로 솟아올라 비싼 몸값을 자랑하고 있다.

▷ 어떤 와인을 선택할까

최근 와인에 대한 관심이 높아지면서 와인 가격이 점점 가파르게 오르고 있다. 가격이 치솟는 와인들은 주로 1982년산, 1997년산, 2000년산 와인이다. 이때 생산된 와인은 프랑스에서 포도 농사가 잘된, 즉 작황이 좋은 '빈티지'의 와인이다. 하지만 워낙 인기가 많은 와인이라 시장에서 찾아보기가 쉽지 않다. 그래서 1961년, 1989년, 2003년산 와인도 애호가들의 관심을 끌고 있다.

와인 가격은 주로 생산지, 생산연도, 포도밭의 등급, 와인을 만드는 기술 등에 의해 결정된다. 고급 와인은 희소성 때문에 가격이 지속적으로 오르고 있다. 보통 빈티지로 가격이나 가치를 판단하는 경우가 많지만 생산자의 기술이나 품질도 가격을 결정하는 주요 요소다.

프랑스의 2대 와인 산지 중의 하나인 보르도(Bordeaux)에서 생산되는 특1등급 5대 와인인 샤토 라피트 로칠드(Lafite Rothschield), 샤토 라투르(Latour), 샤토 무통 로칠드(Mouton Rothschield), 샤토 마르고(Margaux), 샤토 오브리옹(Haut Brion) 등은 일반적으로 재테크 소장가치가 높다. 보르도 레드 와인 중에는 1999년산, 1998년산, 1990년산, 1986년산, 1982년산이, 화이트 와인으로는 1990년산, 1989년산, 1988년산 및 1980년산이 좋은 제품으로 높이 평가받고 있다.

▷ 보관하는 것이 선택보다 중요

전문가들은 와인을 좋은 가격에 구입하는 것도 중요하지만 보관하는 것에 더 신경 써야 한다고 충고한다. 즉 와인 재테크의 첫째가 '보관'이라는 것이다. 와인은 온도가 맞지 않으면 금방 상해서 맛을 잃어버린다. 와인은 대개 25℃를 넘으면 열화해 품질을 유지하기 힘들다. 그래서 반드시 와인 냉장고에 10-14℃를 유지하며 보관하는 게 필수다.

와인 품질 유지를 위해 운송에도 신경 써야 한다. 가장 안전한 방법은 항공 운송이다. 그러나 대량 수입의 경우 선박 운송이 불가피하다. 이런 때는 진동과 온도 변화가 적은 컨테이너의 가장 아랫부분에 적재하도록 하는 것이 바람직하다.

오랫동안 소장하는 것도 중요한 포인트다. 와인은 대체로 오랜 기간 숙성되면 맛이 더 좋아지기 때문에 숙성 기간이 길수록 질이 향상되고 가격 또한 높아진다. 세월이 흐르면서 계속 소비되므로 희소성은 더 높아지고 가격 상승폭이 더 커진다.

전문가들은 장기투자의 관점에서 바라보면 와인이 훌륭한 재테크 수단이 될 수 있다고 말한다. 그러나 구입할 때 가격이 높을 수 있고 장기적으로 보유해야 하므로 여유자금이 있거나 사업상 꼭 필요한 경우에 투자하는 것이 바람직하다.너의 가장 아랫부분에 적재하도록 하는 것이 바람직하다.

오랫동안 소장하는 것도 중요한 포인트다. 와인은 대체로 오랜 기간 숙성되면 맛이 더 좋아지기 때문에 숙성 기간이 길수록 질이 향상되고 가격 또한 높아진다. 세월이 흐르면서 계속 소비되므로 희소성은 더 높아지고 가격 상승폭이 더 커진다.

전문가들은 장기투자의 관점에서 바라보면 와인이 훌륭한 재테크 수단이 될 수 있다고 말한다. 그러나 구입할 때 가격이 높을 수 있고 장기적으로 보유해야 하므로 여유자금이 있거나 사업상 꼭 필요한 경우에 투자하는 것이 바람직하다.

9장

와인과 음식 궁합

1. 와인에는 개성과 이야기가 묻어 있어

와인괴 치즈 세트

와인만큼 마시는 사람의 개성과 품격이 묻어나는 술은 없다. 와인 종류가 셀 수 없이 많은 것처럼 개인의 취향도 가지각색으로 다양하다. 그래서인지 어느 특정 와인에는 그에 딱 맞는 음식이 있다고 말하는 사람도 있다.

그러나 와인을 마시는 데 정해진 규칙이나 법칙이 없듯이, 와인과 음식에도 서로 딱 들어맞는 절대적인 궁합이 공식처럼 있는 건 아니다.

와인은 어떤 음식과 마시느냐보다 누구와 어떤 자리에서 마시느냐가 훨씬 중요하다. 와인은 개성이 강한 분위기 술이라서 더욱 그렇다. 그래서 와인에는 무수히 많은 각자의 스토리가 묻어 있다. 그 이야기가 사랑 이야기이든, 화목한 가족 얘기든, 친구와의 우정이 담긴 얘기든, 사업과 관련한 비즈니스 얘기든 와인의 방울방울에는 온갖 스토리가 숨어 있다. 누구나 와인을 마실 때는 그들만의 스토리를 만들어야 한다. 이런 스토리 속에 와인이 음식과 어우러져 분위기가 고조되고, 이런 고조된 분위기 자체가 와인 만남의 목적이기도 하다.

격조 높이는 술 이상의 술

와인을 선물하거나 받으면 왠지 모르게 기분이 흐뭇해진다. 아마도 와인이 분위기 있는 술인데다 건강에도 좋은 술로 인식되고 있어서 그런 것 같다.
굳이 건강상의 이유만이 아니더라도 와인은 자리를 빛내 주는 술이다. 각종 기념일과 행사를 축하하려는 사람들이 찾는 술이기도 하다. 상대방이 태어난 해의 와인을 선물할 수 있다면 더할 나위 없이 근사한 와인이 된다. 그러나 오래된 빈티지 와인은 가격이 비쌀 뿐 아니라 구하기도 어렵다. 대신 결혼한 해라든가 자녀들이 태어난 해를 기억해 두었다가 그해에 생산된 와인을 선물하는 것이 좋은 방법이 된다. 선물을 보낼 때 축하나 정성이 담긴 내용의 카드를 곁들인다면 받는 사람이 감동할 것이다. 또 하나 곁들인다면 보낸 와인을 상세히 설명해 놓은 메모를 붙여 놓는 것이다.

와인은 여느 술처럼 단순히 마시고 취한다는 것 이상의 의미를 담고 있다. 받는 사람의 상황에 따라 특별한 의미를 부여할 수 있고, 또 그 사람의 기호나 취향을 충족시켜 줄 수 있는 술이 와인이다.
와인을 선물할 때 주의할 점이 있다. 선물하는 와인의 등급을 받는 사람이 주로 마시는 와인보다 한 단계 정도 올려야 한다는 점이다. 받은 사람이 와인을 풀어 보고선 자신이 즐기는 와인보다 품질이 떨어지면 약간은 섭섭한 마음이 들게 마련이다. 또 하나 주의점은 가급적 각 나라의 고급 와인을 택해야 한다는 점이다. 프랑스 와인의 경우 AOC와 Grand Cru와 Grand Vin, 미국은 Varietal Wine, 독일은 QmP, 이탈리아 DOCG, 스페인과 포르투갈은 DOC, 남미권은 Reserva나 Classico 등의 표식이 있는 와인을 택해야 한다. 잘못해서 프랑스산 Vin de Pays나 Vin de Table 등 저급 와인을 선물하면 받는 사람이 실망할 수 있다.

와인은 다른 술과는 확실히 다른 대접을 받는다. 일반 술은 그냥 술 이상의 가치를 가지기 힘들다. 그러나 와인은 술이라기보다 누구나 사랑하는 기호품이다. 분위기를 띄워주는, 그래서 단순히 취하려고 마시는 술이 아니라 보람 있는 대화의 장을 열어 주는 술, 즉 술 이상의 술로 우리에게 다가오고 있다.

2. 음식 궁합에 맞는 와인이 좋아

와인과 음식이 만나면 좋은 반응이 일어날 때가 있고 그렇지 않은 경우가 있다. 마시는 와인의 특성이 음식을 만나서 나타나는 반응이 서로 다를 때 그렇다. 만약 등심이나 갈비를 먹는데 스위트한 화이트 와인을 마신다면, 서로 궁합이 잘 맞지 않는다. 냄새나 맛이 강한 음식 메뉴 때문에 화이트 와인의 섬세하고 스위트한 맛이 잘 느껴지지 않아서다. 물론 음식과 와인 간에 무슨 불변의 법칙이 있는 건 아니다. 그러나 비교적 서로 잘 맞는 것들과 잘 맞지 않는 것들이 있긴 하다.

와인과 스테이크

육류를 먹을 때는 레드 와인이 맞다고 한다. 그 이유는 둘 다 맛이 진하고 묵직하며, 또 레드 와인에 많이 함유된 탄닌이 고기의 육질을 부드럽게 하는 역할을 해서 그렇다. 스테이크나 한식 불고기, 등심 등을 먹을 때는 그래서 탄닌이 많은 까베르네 쏘비뇽 같은 묵직한 레드 와인이 좋다. 같은 육류라도 닭고기 등 흰고기류는 가벼운 레드 와인이 더 어울린다.

그러나 짠 음식에는 레드 와인이 맞지 않다. 소금기가 레드 와인의 떫은맛을 더 강하게 느끼도록 한다. 그래서 짜고 매운 맛을 내는 찌개류 하고는 레드 와인이 대체로 안 어울린다.

생선류는 화이트 와인이 어울린다. 화이트 와인은 신맛이 기본이다. 이 신맛이 생선의 비린내를 없애거나 완화하는 작용을 한다. 스위트 화이트 와인은 다소 짠 음식과도 잘 어울린다. 단맛이 음식의 짠맛을 완화해 준다. 화이트 와인은 부드럽고 연한 요리와도 잘 어울린다.

와인은 원래 식사하면서 마시는 술이므로 그에 맞는 와인을 찾아야 한다. 식전주로는 가벼운 드라이 화이트 와인이나 셰리(Sherry) 와인이 괜찮다. 주요리 식사 때는 요리 자체가 무거울 때는 묵직한 레드 와인을, 가벼운 요리일 때는 가벼운 레드 와인이나 드라이 화이트 와인을 마신다. 식후 와인으로는 달콤한 스위트 화이트 와인이 어울린다.

3. 내가 좋은 와인이 가장 좋은 와인

공식 모임이나 어떤 이벤트가 있을 때는 비교적 고급 와인을 주문하고, 평상시에는 평범한 테이블 와인을 주문하는 것이 좋다. 한 가지 유념해야 할 게 있다. "육류에는 레드 와인, 가벼운 요리에는 화이트 와인…."이라고 하는 것처럼 와인 선택을 공식 외우듯이 하는 게 아니다. 와인은 자기가 좋은 대로 마시는 게 좋은 와인이다. 붉은 육류를 먹을 때라도 자신이 화이트 와인이 좋다고 생각하면 그걸 마시면 된다.

까다로운 듯하면서 까다롭지 않은 알코올음료. 이것이 와인의 묘미다. 형식에 너무 얽매이지 말고 열린 마음으로 와인과 친해보자. 그곳에 기쁨과 사랑, 낭만과 건강, 그리고 비즈니스가 기다리고 있다.

4. 와인과 음식의 조화

와인과 음식은 서로 상호보완적이다. 와인은 음식을 보다 맛있게 하고, 음식은 와인의 홍취를 돋구어준다. 와인이 원래 식사와 함께 하는 알코올음료이므로, 공식행사나 이벤트에서 와인이 없는 식사는 뭔가 허전하고 부족한 분위기가 되기 쉽다. 그래서 맛있는 요리와 그에 맞는 와인을 음미하는 건 여유로운 삶의 또 다른 즐거움이 아닐 수 없다. 꼬네쇠르(Connaisseur, 감식 전문가)와 구르메(Gourmet, 미식가)들은 서로 성질이 맞는 '와인과 요리의 결합'을 끊임없이 추구하고 있다. 이들이 중시하는 기본 원칙은 이러하다.

- 와인이 음식 맛을 감소시켜서는 안 된다.
- 감귤류와 초콜릿은 와인과 함께 제공하지 않는다.
- 일반적으로 생선요리에는 화이트 와인, 육류에는 레드 와인이 좋다.
- 샴페인은 어떤 요리에도 잘 어울린다. 대개 식사 전 코스에서 마신다.

일반적인 식사에는 대개 한 가지 와인을 마시게 된다. 그러므로 그 식사의 주요리와 가장 잘 어울리는 와인을 선택하는 것이 좋다. 요리에 와인을 사용한 경우 사용된 와인과 같은 종류의 와인을 제공하는 것이 가장 잘 어울린다. 그리고 프랑스 요리에는 프랑스 와인, 미국 스테이크에는 미국 와인, 이탈리아 요리에는 이탈리아 와인이 어울린다.

1) 서양 요리와의 조화

와인과 가장 잘 어울리는 음식은 서양요리다. 와인의 고향은 서양이고, 몇천 년을 지나면서 서로가 마치 하나의 세트처럼 잘 들어맞는다. 그래서 프랑스 와인은 프랑스 요리와 잘 어울리고, 이탈리아 와인은 이탈리아 요리와 잘 어울린다. 그러나 조리 방법이나 소스가 어떠냐에 따라 와인과의 조화에 많은 변수가 작용한다. 와인과 요리와의 조화에 관한 몇 가지 기법을 알아본다.

(1) 요리가 와인의 향미를 감소시킬 때

맵거나 자극적인 향신료를 많이 넣은 자극적인 요리는 와인의 향미와 개성을 떨어뜨린다. 그러나 양념을 적게 넣은 요리는 향이 풍부한 쏘비뇽 블랑이나 게뷔르츠트라미너 등의 화이트 와인과 잘 어울릴 수 있다.

(2) 짠 요리와 함께 할 때

소금기가 많은 요리는 레드 와인과 잘 맞지 않다. 짠맛이 레드 와인의 맛과 향을 감소시키기 때문이다. 짠맛은 스위트 와인과 그런대로 잘 어울린다. 소테른의 귀부 와인이나 독일 스위트 화이트 와인 등이 좋다.

안심구이

⑶ 훈제향이 강한 요리와 함께 할 때

훈제 생선요리는 독일 화이트 와인과 잘 어울린다. 스테이크나 바비큐 요리는 미국산 레드 진판델이나 이탈리아 까딸로니아산 레드 와인이 어울린다. 그러나 양념이 듬뿍 배어 있는 바비큐일 경우는 쏘비뇽 블랑이나 게뷔르츠트라미너가 잘 어울릴 수 있다.

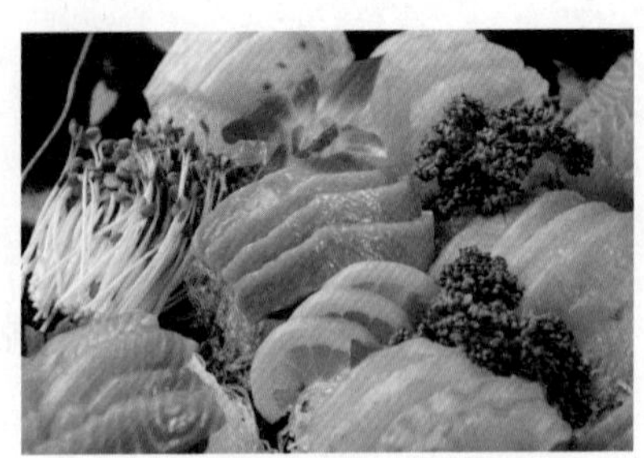
생선회

⑷ 해산물 요리와 함께일 때

대체로 화이트 와인과 어울린다. 바닷가재 요리는 프랑스 부르고뉴산과 캘리포니아산 샤르도네 화이트 와인이 좋다. 조개류는 이탈리아산 삐노 그리지오가 어울린다. 신선한 물고기류나 회는 섬세하고 꽃향기가 풍부한 캘리포니아산이나 모젤산 리슬링이 좋다.

굴 요리는 샤르도네나 쏘비뇽 블랑이 적격이다. 생선 튀김에는 스위트한 독일 와인이나 프랑스 알자스 와인이 잘 어울린다.

⑸ 육류와 함께일 때

로스트비프와 양고기의 경우는 보르도나 부르고뉴산 레드 와인, 캘리포니아산 까베르네 쏘비뇽 와인이 좋다.

위에서 보듯이 스테이크처럼 육류를 먹을 때는 레드 와인의 탄닌 성분이 육류의 육질을 부드럽게 해서 좋다. 가금류 고기는 메를로나 말벡 품종 등의 가벼운 레드 와인을 선택하는 것이 바람직하다. 비프스테이크나 양고기류 등은 까베르네 쏘비뇽 같은 묵직한 레드 와인이 보다 어울린다. 따라서 레드 와인은 지방과 단백질이 많은 음식과 잘 어울린다. 그러나 짠 음식과 같이 마시면 레드 와인의 쓴맛이 더 강해진다. 우리나라 찌개류가 레드 와인과 잘 어울리지 않는 이유가 바로 여기에 있다.

생선에는 화이트 와인이 더 잘 어울린다. 화이트 와인의 신맛과 단맛이 비린 냄새를 중화시켜 주고 생선 맛을 더 좋게 한다. 양념이 덜한 생선일수록 드라이 와인이 어울리고, 소금 간을 한 생선구이에는 스위트 화이트 와인이 썩 잘 어울린다. 단맛은 짠맛을 줄여 주고 기름기를 없애 주는 느낌을 준다.

고급 레스토랑에서 식사할 때는 고급 와인이 어울리고, 피자, 햄버거 등 가벼운 음식에는 평범한 와인이 어울린다. 양념이 많거나 좀 걸쭉한 요리에는 묵직하고 힘센 와인이 바람직하고, 부드럽고 소스가 적게 들어간 요리는 신선한 와인이 좋다.

음식 맛에 따라 와인 맛도 같이하는 것이 좋다. 신 음식에는 신 와인, 단 음식에는 스위트 와인, 씹는 기운이 많은 음식은 탄닌 성분이 많은 와인을 선택하는 것이 하나의 방법이다.

아무리 좋은 요리, 좋은 와인이라도 자신에게 맞지 않으면 별 가치가 없다. 가장 좋은 와인은 자기 입에 맞는 와인이다. 따라서 어떤 요리에는 어떤 와인이 잘 어울린다는 얘기는 언제나 참고사항에 불과하다. 자신이 좋아하는 와인이 가장 좋은 와인임을 항상 생각해 두자.

서양 요리와 어울리는 와인

비프스테이크, 양고기 스테이크	잘 숙성된 탄닌이 많은 레드 와인 보르도나 부르고뉴산 레드 와인 캘리포니아산 까베르네 쏘비뇽 와인이 좋다.
훈제 생선 요리	독일 화이트 와인 모젤, 라인 가우 스위트 와인

바비큐 요리	미국산 레드 진판델이나 이탈리아 까딸로니아산 레드 와인. 양념이 많은 바비큐는 쏘비뇽 블랑이나 게뷔르츠트라미너가 어울린다.
해산물 요리	대체로 화이트 와인과 어울린다. 바닷가재 요리는 프랑스산 부르고뉴산과 캘리포니아산 샤르도네 화이트 와인. 조개류는 이탈리아산 삐노 그리지오. 신선한 물고기류나 회는 섬세하고 꽃향기가 풍부한 캘리포니아산과 모젤산 리슬링이 좋다. 굴 요리는 샤르도네나 쏘비뇽 블랑. 생선 튀김에는 스위트한 독일 와인이나 프랑스 알자스 와인
캐비어	신선하고 상큼한 샴페인이나 샤토네프 뒤빠쁘 와인
피자	이탈리아 키안띠 와인, 캘리포니아 진판델 와인

2) 한국 음식 및 아시아 음식과의 조화

짜고 매운 우리나라 음식과 와인은 잘 어울리지 않는다고들 생각한다. 그러나 지나치게 맵고 짠 음식을 제외하고는 와인과 우리 음식은 생각보다 훨씬 잘 어울린다. 프랑스 남부도시 마르세유의 특산 요리 부이야베스는 우리나라 해물모둠탕과 아주 비슷하다. 이탈리아에서도 여러 지방 음식은 우리 음식과 많이 유사하다. 그래서 우리 음식 중 지나치게 향이 강하거나 국물이 많은 걸 제외하면 와인과 우리 음식은 무리 없이 잘 어울린다. 우리 음식과 와인과의 어울림을 살펴본다.

기름기 많은 생선요리는 탄닌과 결합하면 비위가 상하는 맛이 날 수 있으므로 생선요리에는 레드 와인을 피하는 것이 좋다. 그러나 기름기 많은 생선요리라 하더라도 탄닌이 적은 레드 와인과는 어울린다. 예를 들면 안동 간고등어구이는 탄닌이 적고 가벼운 라이트 바디(Light-bodied)의 보졸레 누보 레드 와인이 어울린다. 탄닌은 짠 음식과 만나면 쓴 맛이 강해지므로 짠 음식은 가벼운 레드 와인과 만나는 것이 좋다.

비프스테이크

닭고기처럼 흰살고기는 드라이 화이트 와인이 괜찮다. 삼겹살에는 오래 숙성된 드라이 레드 와인이, 생선회에는 드라이 화이트 와인과 샴페인이 잘 어울린다.

우리 고유 음식 중 빈대떡 같은 부침개에는 가벼운 레드 와인이나 화이트 와인이 어울린다.

대체로 달지 않은 음식에는 드라이 와인이 어울린다.

중국 요리는 육류와 국수 등을 많이 사용하며 생강, 마늘, 양파, 설탕, 후추 등 양념과 소스를 많이 사용한다. 그래서 중국 음식은 달면서 시큼한 것이 특징이다. 달면서 시큼한 중국 요리에는 스위트하고 과일 향이 나는 스위트 화이트 와인이 좋다.

일본 음식은 고추냉이(와사비), 식초, 간장 등의 향이 많이 들어간다. 이런 음식에는 찬 드라이 화이트 와인이 좋다. 생선회와 초밥에는 드라이 화이트 와인이나 샴페인이 제격이다.

한식과 어울리는 와인을 찾아본다.

◆ 불고기 - 갖은 양념으로 복잡한 맛이 나는 불고기에는 적당한 산도와 과일 향을 가진 레드 와인이 좋다. 메를로 품종의 레드 와인이나 부르고뉴 와인을 추천.

◆ 갈비구이 - 갖은 양념과 고기의 씹히는 맛을 살려주는 강한 맛의 레드 와인을 추천한다. 이탈리아 와인 특유의 산미를 잃지 않고 강렬한 향이 살아 있는 바르바레스꼬나 프랑스 론 지방의 에르미따즈 레드 와인이 잘 어울린다. 우리에게 익숙한 까베르네 쏘비뇽도 탄닌 성분이 많고 풍미가 강해 좋은 선택이 될 수 있다.

◆ 돼지 고추장불고기 - 기본적으로 레드 와인이 어울린다. 프랑스 론 지역의 스

파이시한 쉬라나 페퍼 향이 강한 칠레산 메를로 품종이 적당하다. 고정관념을 버린다면 독일산 리슬링도 추천할 만하다. 화이트 와인의 상큼함이 돼지고기 특유의 느끼함을 없애주고 고추장의 단맛과 리슬링의 단맛이 잘 어울리기 때문이다.

◆ 제육볶음 - 진한 맛과 고추 향이 느껴지는 칠레산 까르메네르 레드 와인을 추천한다. 칠레에서만 나는 독특한 품종이지만 가격 대비 맛과 향이 훌륭하다.

◆ 족발 - 족발이나 머릿고기에는 부드러운 메를로 품종이 잘 어울린다. 더운 여름철엔 열대과일과 장미향이 두드러진 게뷔르츠트라미너 화이트 와인이 좋다.

◆ 삼계탕 - 여름철 보양식 삼계탕에는 깔끔한 화이트 와인이나 샴페인을 권한다. 달콤한 맛으로 닭 냄새를 없애 주는 독일의 리슬링, 매콤한 뒷맛으로 국물의 느끼함을 줄여주는 프랑스 알자스 지방의 게뷔르츠트라미너 등이 좋다. 부드러운 맛의 미국산 화이트 와인을 고르는 것도 좋은 방법이다.

◆ 아귀찜 - 아귀찜이나 해물찜처럼 매운 양념과 콩나물을 곁들인 요리에는 농도 짙은 와인보다 우아한 풍미를 지닌 와인이 좋다. 진판델 품종이나 매운맛을 덜어주는 드라이한 프랑스산 로제와인이 좋다.

◆ 해물떡볶이 - 화이트 와인 쏘비뇽 블랑을 추천. 특히 차갑게 마시면 떡볶이의 맵고 진한 맛이 줄어들어 입안이 개운해진다.

◆ 잡채 - 양념이 강하지 않고 기름기가 많은 편이라 깔끔한 맛의 화이트 스파클

링이나 샴페인류가 어울린다. 하지만 정통 샴페인은 가격이 만만치 않으므로 가장 보편적인 샤르도네를 고르는 것도 괜찮다.

◆ 빈대떡 - 빈대떡이나 파전에는 뉴질랜드의 쏘비뇽 블랑을 추천. 균형 있는 맛이 특징으로 빈대떡의 기름기와 입안에 오래 남는 파 냄새를 제거한다. 과일향이 강한 게뷔르츠트라미너도 잘 어울린다.

◆ 튀김류 - 각종 튀김 요리엔 화이트 와인이 잘 어울린다. 화이트 와인의 신맛이 각종 튀김의 기름기를 씻어 내기 때문. 이탈리아 화이트 와인 정도면 좋은 궁합을 이룬다.

◆ 김치찌개 - 김치의 신맛과 멋진 하모니를 이루는 프랑스 알자스 지방의 리슬링 화이트 와인을 권한다.

한국 음식과 어울리는 와인

등심로스, 삼겹살	오래 숙성시킨 알코올 도수 높은 드라이 레드 와인 보르도산 묵직한 레드 와인, 시라, 메를로, 까베르네 쏘비뇽 와인
불고기, 갈비구이, 떡갈비	약간 묵직하고 도수 높은 레드 와인 칠레산 몬테스 알파, 샤토 르 뻬이, 까베르네 쏘비뇽 와인, 에르미따즈 와인(론산)
제육볶음	칠레산 까르메네르
족발	메를로 레드 와인, 게뷔르츠트라미너 화이트 와인
생선회	약간 신맛이 나는 화이트 와인 샤블리 화이트 와인, 뉴질란드산 쏘비뇽랑
생선구이	신맛과 떫은맛이 적당히 있는 화이트 와인 사르도네 와인
해산물, 튀김 요리	잘 숙성된 드라이 화이트 와인 유난히 시지 않는 화이트 와인이면 무난
해물 모듬탕	로제 와인, 스파클링 와인, 쏘비뇽 블랑

김치찌개	리슬링 와인
빈대떡, 부침개	드라이 화이트 와인, 가벼운 레드 와인, 쏘비뇽 블랑 화이트 와인, 게뷔르츠트라미너
잡채	스파클링 와인, 샤르도네 와인
마른 견과류	신선하고 스위트한 화이트 와인 독일 화이트 와인
간 고등어 구이	가벼운 레드 와인 애로 귀엠 레드 와인(랑그독 루씨용산), 보졸레 누보
민물장어 구이	도수 높은 잘 숙성된 레드 와인 론 시라 와인, 호주 쉬라즈 와인
비빔밥	매운맛에는 까베르네 쏘비뇽 레드 와인 매운맛이 싫으면 달고 신맛 나는 화이트 와인 (스위트 화이트 와인 샤토 부르디유 뽕빌)
홍어회 삼합	묵직하고 비교적 도수 높은 레드 와인 샤토 블라송 디쌍, 프랑스산 까베르네 쏘비뇽 와인
아귀찜	캘리포니아 진판델, 프랑스 로제와인
삼계탕	메를로를 주품종으로 하는 부드러운 레드 와인 까스뗄 보르도, 크뤼즈 쌩떼밀리옹, 리슬링 화이트 와인

5. 치즈 - 와인과 잘 어울리는 친구

서양인들은 예부터 치즈와 와인, 그리고 갓 구운 빵이 있으면 인생이 행복하다고 여겼다. 이 세 가지 음식은 언제, 어디서든 쉽게 구할 수 있는 소박하고 가장 기본적인 식품이다. 그래서 서양인들은 치즈와 와인, 빵 이 세 가지를 식탁의 성스러운 삼위일체로 간주한다. 치즈와 와인이 환상의 조화를 이룬다는 건 잘 알려져 있다. 이 둘을 조화시키는 방법은 대체로 세 가지 방법이다.

와인과 치즈

와인과 치즈의 성격이 서로 비슷한 것끼리, 또는 서로 대비되는 것, 아니면 서로의 특성을 보완하도록 선택하는 방법이 그것이다. 어느 것을 선택하느냐는 각 개인의 취향과 맛에 대한 선호에 따라 결정된다.

치즈는 수분 함유와 가공 형태에 따라 연질 치즈(수분 함유 55-80%), 반경질 치즈(수분 45-55%), 경질 치즈(수분 34-45%), 초경질 치즈(수분 13-34%) 등으로 나뉜다. 치즈에는 지방과 단백질이 20-30% 정도 들어 있다. 치즈는 사람 간장에 좋은 메티오닌이라는 성분이 들어 있다.

그래서 알코올에 의한 자극을 완화하고 급격한 알코올 흡수를 막아 주므로 술안주로 많이 이용된다.

부드럽고 기름진 치즈에는 부드럽고 가벼운 와인이 어울린다. 시큼한 맛이 강한 치즈는 신맛 나는 와인이 좋다. 그러나 유념해야 할 것은 오래 숙성시킨 치즈일수록 와인의 향미를 손상시켜 와인 맛을 상쇄해 버린다는 점이다. 또한 흔히 잘못 알고 있는 상식으로 치즈에는 레드 와인이 잘 어울린다는 말이 있으나, 오히려 화이트 와인이 더 잘 어울린다.

가장 무난한 선택은 그 치즈가 생산되는 지방에서 나는 와인이 가장 잘 어울린다는 점이다. 그러나 와인 생산지에 치즈가 생산되지 않는 곳도 있다. 예를 들면 보르도 지방에서는 치즈가 나지 않으므로 보르도 와인에는 네덜란드 치즈가 그런대로 어울린다. 와인과 치즈는 서로 어울린 지 몇백 년이 지났으므로 어떤 와인에 어떤 치즈가 잘 어울리는지 서양인들은 본능적으로 알고 있다. 우리가 와인을 마시면서 치즈를 선택할 경우 각자 개인의 취향과 맛을 따라 하는 것이 가장 편한 방법이다.

치즈와 와인의 조화

치즈와 와인은 모두 오랜 세월 동안 전해 내려온 자연식품이라는 공통점이 있다. 또한 이 둘은 대개 함께 소비된다는 특징이 있다. 치즈와 와인은 자연 그대로를 맛볼 수 있는 식품으로 서로 궁합이 잘 맞는다. 치즈와 와인의 조화에는 특별한 방법이나 법칙이 있는 것은 아니고, 순전히 개인이 느끼는 맛에 따라 달라진다. 그러나 몇 가지 보편적으로 잘 어울리는 방법은 있다.

- 부드럽고, 지방이 많은 치즈는 부드럽고 약간 기름진 와인과 잘 어울린다.
- 달콤한 와인은 신맛이 강한 치즈와 잘 어울린다.
- 드라이한 레드 와인, 특히 영한 레드 와인은 크림치즈 또는 염소 치즈와 잘 어울린다.
- 신맛이 아주 좋은 와인은 짠맛이 강한 치즈와 아주 잘 어울린다. 치즈는 또한 맥주 또는 사이다와도 어울린다.
- 치즈는 사과로 만든 알코올 음료와도 잘 어울린다.

Cheese라는 단어는 Caseus(카세우스)라는 라틴어에서 유래했다. 독일에서는 Kase(카제), 그리고 영어권에서는 Cheese, 스페인은 Queso, 포르투갈에서는 Queijo가 되었다. 그 후 이태리에서는 Formaggio, 프랑스에서는 Fromage(프로마쥬)라 부르게 되었다. 특히 프랑스 Fromage는 그리스어인 Fromos(프로모스, 바구니)라는 용어를 받아들인 말이다. 프랑스에서는 치즈를 전통적으로 버드나무 가지로 만든 바구니에 담아 건조시켰다.

와인과 치즈는 궁합 안 맞아

와인과 치즈가 사실은 안 어울려… 술 향기 못 느껴"

- 美 캘리포니아大 연구소 연구 결과 -

와인과 치즈는 궁합이 잘 맞는 것으로 알려져 왔다. 그러나 이 같은 통념을 깨는 연구 결과가 몇 년 전 나왔다. 미국 캘리포니아대 연구팀은 치즈를 먹으면 와인의 미세한 맛과 향을 구별하기 어려운 것으로 나타났다고 말했다.

연구팀은 와인 전문가들에게 치즈 8종류를 조금씩 먹게 하고 4종류의 와인을 시음하게 한 뒤 특징적인 맛과 향을 구별해 내도록 했다.

전문가들은 "딸기 향, 참나무 향, 신맛, 떫은맛 같은 와인의 모든 향과 맛을 치즈가 억누른다."고 밝혔다.

연구팀은 치즈의 지방이 입과 혀를 코팅하는 효과를 낳는 바람에 와인의 미세한 향을 구별하는 게 어려워지는 것으로 추측했다. 또 와인의 여러 향 가운데 버터향만 강해졌다는 것. 연구팀은 치즈의 단백질이 와인의 입자들과 결합해 이 입자들이 입속에서 제맛을 내지 못하도록 방해하는 것으로 의심했다. 연구팀 결과에 따르자면 치즈를 곁들인 와인 파티에는 가급적 고급 와인은 피하는 것이 좋을 듯하다.

색인

참고 문헌

국내 문헌

Kevin Zraly, 정미나 옮김, 《Windows on the World Complete Wine Course》(와인 바이블), (한스미디어, 2022)

Miljenko Mike Grgich, 박원숙 옮김, 《A Glass Full of Miracles》(기적의 와인), (가산북스, 2021)

한국소펙사, 《Vins et Spiritueux de France》, (2020)

한국소펙사, 《프랑스 와인과 오드비 세계로의 여행》, (2018)

Matt Kramer, 이석우 · 김명경 옮김, 《Making Sense of Wine》, (바롬웍스, 2010)

Eduard Fuchs, 이기웅 · 박종만 옮김, 《Illustrierte Sittengeschichte Vom Mittelalter Bis Zur Gegenwart》(풍속의 역사 권IV), (까치, 2005)

김기재, 《성공비즈니스를 위한 와인 가이드》, (넥서스북스, 2005)

Jacques Brosse, 양영란 옮김, 「식물의 역사와 신화」, (갈라파고스, 2005)

Yoshida Atsuhiko, 김수진 옮김, 《세계 신화 101》, (이손, 2005)

Suzanne Citron, 최연순 옮김, 《L'Histoire des Hommes》(인간의 역사), (모티브북, 2005)

이진성, 《그리스 신화의 세계》, (아카넷, 2005)

김준철 · 김영주, 《와인의 발견》, (영상, 2005)

김희수 · 전홍진, 《와인 이야기》, (시공사, 2005)

김진국, 《와인의 세계》, (가림출판사, 2004)

정기문, 《한국인을 위한 서양사》, (푸른역사, 2004)

Kenshi Hirokane, 한복진 · 신현섭 옮김, 《한손에 잡히는 와인》,(베스트홈, 2004)

Michel Foucault, 이규현 옮김, 《Histoire de la Sexualité》(성의 역사 권I), (나남, 2004)

Michel Foucault, 문경자 · 신은영 옮김, 《Histoire de la Sexualité》(성의 역사 권II), (나남, 2004)

Michel Foucault, 이혜숙 · 이영목 옮김, 《Histoire de la Sexualité》(성의 역사 권III), (나남,

2004)
Nancy Hathaway, 신현승 옮김, 《세계신화사전》, (세종서적, 2004)
홍은영, 《푸코와 몸에 대한 전략》, (철학과 현실사, 2004)
김준철, 《와인》, (백산출판사, 2004)
김준철, 《와인, 알고 마시면 두 배로 즐겁다》, (세종서적, 2004)
Anthony Giddens, 배은경 · 황정미 옮김, 《Sexuality, Love & Eroticism in Modern Societies》(현대사회의 성, 사랑, 에로티시즘), (새물결, 2003)
Eduard Fuchs, 이기웅 · 박종만 옮김, 《Illustrierte Sittengeschichte Vom Mittelalter Bis Zur Gegenwart》(풍속의 역사 권 I), (까치, 2003)
Jane Freedmane, 이박혜경 옮김, 《Feminism》(페미니즘), (이후, 2002)
최재완, 《이벤트의 이론과 실제》, (커뮤니케이션북스, 2001)
Eduard Fuchs, 이기웅 · 박종만 옮김, 《Illustrierte Sittengeschichte Vom Mittelalter Bis Zur Gegenwart》(풍속의 역사 권II), (까치, 2001)
Eduard Fuchs, 이기웅 · 박종만 옮김, 《Illustrierte Sittengeschichte Vom Mittelalter Bis Zur Gegenwart》(풍속의 역사 권III), (까치, 2001)
김준철, 《와인과 건강》, (유림문화사, 2001)
김한식, 《현대인과 와인》, (도서출판 나래, 1996)
박희천, 《와인의 세계》, (성인당, 1995)
이영록, 《인류의 기원》, (법문사, 1995)
이주호, 《이제는 와인이 좋다》, (바다출판사, 1999)
최훈, 《포도주 그 모든 것》, (행림출판, 1997)
파스칼 세계대백과사전, (동서문화사, 1999)
Gonzague Truc, 이재형 · 도화진 옮김, 《Histoire Illustrée de la Femme》(세계여성사 I · II), (문예출판사, 1996)
Karl Marx, 김수행 역, 《자본론 上 · 下 5권》, (비봉출판사, 1990)
Paul Hazrd, 조한경 옮김, 《유럽의식의 위기 I》, (민음사, 1990)
Paul Hazard, 조한경 옮김, 《유럽의식의 위기 II》, (민음사, 1992)
동아일보, 조선일보, 중앙일보, 매일경제

외국 문헌

Per-Henrik Masson, 《The Rothschild Dynasty》, (Wine Spectator 2000 Dec. Issue)

Alexis Bespaloff, 《Encyclopedia of Wine》, (Morrow, 1988)

Antonie Lebégue, 《L'Esprit du Bordaux》, (Hachette, 1999)

Christopher Foulkes, 《Larousse Encyclopedia of Wine》, (Larousse, 1994)

David Molyneux, 《Classic Wines & Their Labels》, (Dorling Kindersley, 1990)

Dennis Schafeer, 《Vintage Talk》, (Capra Press, 1994)

Ed McCarthy, 《Wine for Dummies》, (IDG Books, 1996)

Emile Peynaud, 《Knowing and Making Wine》, (Wiley Interscience Publication, 1984)

Hugh Johnson, 《World Atlas of Wine》, (Simon & Schuster, 1994)

James M. Gabler, 《How To Be a Wine Expert》, (Bacchus Press, 1987)

Joseph Jobé, 《The Great Book of Wine》, (Galahad Books, 1982)

Kevin Zraly, 《Complete Wine Course》, (Sterling Publishing Company, Inc., 2000)

Leon D. Adams, 《The Commonsense Book of Wine》, (McGraw-Hill Book company, 1986)

Maynard A. Amerine, Edward B. Rossler, 《Wines - Their Sensory Evaluation》, (Freeman, 1976)

Michael Broadbent, 《Wine Tasting》, (Fireside Book, 1994)

Robert Joseph, 《The Ultimate Encyclopedia of Wine》, (Carlton Books, 1996)

Ron S. Jackson, 《Wine Science》, (Academic Press, 1994)

Rosalind Cooper, 《The Wine Book》, (London: HP Books, 1981)

Tom Stevenson, 《Sotherby's Wine Encyclopedia》, (DK Publishing, INC., 1997)

스토리가 있는 와인

초판 1쇄 발행 2023년 3월 25일

지은이 최재완
펴낸이 이기봉
편집 좋은땅 편집팀
펴낸곳 도서출판 좋은땅
주소 서울특별시 마포구 양화로12길 26 지월드빌딩 (서교동 395-7)
전화 02)374-8616~7
팩스 02)374-8614
이메일 gworldbook@naver.com
홈페이지 www.g-world.co.kr

ISBN 979-11-388-1732-5 (03570)